U0185048

人工智能与智能教育丛书　袁振国 / 主编

陈铭松　柴志雷　陈闻杰　著

BRAIN-LIKE COMPUTING

类脑计算

教育科学出版社
·北　京·

出 版 人　李　东
责任编辑　赵琼英
版式设计　私书坊　沈晓萌
责任校对　白　媛
责任印制　叶小峰

图书在版编目（CIP）数据

类脑计算 / 陈铭松，柴志雷，陈闻杰著. — 北京：教育科学出版社，2022.4（2023.9重印）
（人工智能与智能教育丛书 / 袁振国主编）
ISBN 978-7-5191-3018-3

Ⅰ.①类…　Ⅱ.①陈…　②柴…　③陈…　Ⅲ.①人工智能　Ⅳ.①TP18

中国版本图书馆CIP数据核字（2022）第046854号

人工智能与智能教育丛书
类脑计算
LEINAO JISUAN

出版发行	教育科学出版社		
社　　址	北京·朝阳区安慧北里安园甲9号	邮　　编	100101
总编室电话	010-64981290	编辑部电话	010-64981280
出版部电话	010-64989487	市场部电话	010-64989009
传　　真	010-64891796	网　　址	http://www.esph.com.cn
经　　销	各地新华书店		
制　　作	北京思瑞博企业策划有限公司		
印　　刷	唐山玺诚印务有限公司		
开　　本	720毫米 × 1020毫米　1/16	版　　次	2022年4月第1版
印　　张	10.25	印　　次	2023年9月第2次印刷
字　　数	89千	定　　价	68.00元

丛书序言

人类已经进入智能时代。以互联网、大数据、云计算、区块链特别是人工智能为代表的新技术、新方法，正深刻改变着人类的生产方式、通信方式、交往方式和生活方式，也深刻改变着人类的教育方式、学习方式。

人类第三次教育大变革即将到来

3000年前，学校诞生，这是人类第一次教育大变革。人类开启了有目的、有计划、有组织的文明传递历史进程，知识被有效地组织起来，文明进程大大提速。但能够接受学校教育的人数在很长时间里只占总人口数的几百分之一甚至几千分之一，古代学校教育是极为小众的精英教育。

300年前，工业革命到来。工业化生产向每个进入社会生产过程的人提出了掌握现代科学知识的要求，也为提供这种知识的教育创造了条件，这导致以班级授课制为基础的现代教育制度诞生。这是人类第二次教育大变革。班级授课制极大地提高了教育效率，使得大规模、大众化教育得以实现。但是，这种教育也让人类付出了沉重的代价，人类教育从此走上了标准化、统一化、单一化道路，答案标准、节奏统一、内容单一，极大地限制了人的个性化和自由性发展。尽管几百年来人们进行了各种努力，力图通过学分制、选修制、弹性授课制等多种方式缓解和抵消标准化班级授课制带来的弊端，但总的说来只是杯水车薪，收效甚微。

今天，网络化、数字化特别是智能化，为实现大规模个性化教育提供了可能，为人类第三次教育大变革创造了条件。

人工智能助力实现教育个性化的关键是智适应学习技术，它通过构建揭示学科知识内在关系的知识图谱，测量和诊断学习者的已有水平，跟踪学习者的学习过程，收集和分析学习者的学习数据，形成个性化的学习画像，为学习者提供个性化的学习方案，推送最合适的学习资源和学习路径。在反复测量、推送、跟踪学习、反馈的过程中，把握学习者的最近发展区[①]，为每个人提供最适合的学习内容和学习方式，激发学习者的学习兴趣和学习热情，使学习者获得成就感、增强自信心。

智能教育将是未来十年人工智能发展的“风口”

人工智能正在加速发展。从人工智能概念的提出，到

① 最近发展区理论是由苏联教育家维果茨基（Lev Vygotsky）提出的儿童教育发展观。他认为学生的发展有两种水平：一种是学生的现有水平，指独立活动时所能达到的解决问题的水平；另一种是学生可能的发展水平，也就是通过教学所获得的潜力。两者之间的差异就是最近发展区。教学应着眼于学生的最近发展区，为学生提供带有难度的内容，调动学生的积极性，使其发挥潜能，超越最近发展区而达到下一发展阶段的水平。

人工智能的大规模运用，花费了50年的时间。而从深蓝（Deep Blue）到阿尔法狗（AlphaGo），再到阿尔法虎（AlphaFold），人工智能实现三步跨越只用了22年时间。

1997年5月，IBM的电脑深蓝在一场著名的人机对弈中首次击败了国际象棋大师加里·卡斯帕罗夫（Garry Kasparov），证明了人工智能在某些情况下有不弱于人脑的表现。深蓝的主要工作原理是用穷举法，列举所有可能的象棋走法，并利用为加速搜索过程专门设计的“象棋芯片”，采用并行搜索策略进一步加速，在搜索广度和速度上战胜了人类。

2016年3月，谷歌机器人阿尔法狗第一次击败职业围棋高手李世石。阿尔法狗的主要工作原理是“深度学习”。深度学习（deep learning）是一种复杂的机器学习算法，它试图模仿人脑的神经网络建立一个类似的学习策略，进行多层的人工神经网络和网络参数的训练。上一层神经网络会把大量矩阵数字作为输入，通过非线性加权和激活函数运算，输出另一个数据集合，该集合作为下一层神经网络的输入，反复迭代构成一个“深度”的神经网络结构。深度学习本质上是通过大数据训练出来的智能，其最终目标是让机器能够像人一样具有分析学习能力，能够识别文字、图像和声音等数据。

2019年谷歌的阿尔法虎可以仅根据基因“代码”来预测生成蛋白质3D形状。蛋白质是生命存在的基础，和细胞组成内容息息相关。蛋白质的功能取决于它的3D结构，通过把基因序列转化为氨基酸序列，绘制出蛋白质最终的形状，是科学家一直在研究和探讨的前沿科学问题。一旦研究得出结果，将帮助我们解开生命的奥秘。阿尔法虎的工作原理是使用数千个已知的蛋白质来训练一个深度神经网络，利用该神经网络来预测未知蛋白质结构的一些关键参数，如氨基酸对之间的距离、连接这些氨基酸的化学键及它们之间的角度等，从而发现蛋白质的3D结构。

深蓝是经典人工智能的一次巅峰表演，通过算法与硬件的最佳结合，将传统人工智能方法发挥到极致；阿尔法狗是新兴的深度学习技术最具成就的一次展示，是人工智能技术的一次质的飞跃；阿尔法虎则是新兴深度学习技术在应用上的一次突破，超乎想象地完成了人难以完成的蛋白质结构学习这个生命科学领域的前沿问题。从深蓝到阿尔法狗用了近20年时间，从阿尔法狗到阿尔法虎只用了3年时间。人工智能技术更新迭代的速度越来越快，人工智能应用场景也从棋类等高级智力游戏向生物医学等科学前沿转变，这将从方方面面影响甚至改变人类生活。随着人工智能从感知智能向认知智能发展，从数据驱动向知识与数据联合驱动跃进，人工智能的可信度、可解释性不断提高，应用的广度和深度无疑将会得到难以想象的拓展。

教育是人工智能应用的最重要和最激动人心的场景之一，正在成为人工智能的下一个“风口”。国家主席习近平向2019年在北京召开的国际人工智能与教育大会所致贺信中指出：“中国高度重视人工智能对教育的深刻影响，积极推动人工智能和教育深度融合，促进教育变革创新，充分发挥人工智能优势，加快发展伴随每个人一生的教育、平等面向每个人的教育、适合每个人的教育、更加开放灵活的教育。”同年10月，中国共产党第十九届四中全会通过了《中共中央关于坚持和完善中国特色社会主义制度推进国家治理体系和治理能力现代化若干重大问题的决定》，明确提出在构建服务全民终身学习的教育体系中，应发挥网络教育和人工智能优势，创新教育和学习方式，加快发展面向每个人、适合每个人、更加开放灵活的教育体系。把握历史机遇，抢占人工智能高地，引领人类第三次教育变革，时不我待。

智能教育前景无限、任重道远

人工智能在教育场景的应用，与工业、金融、通信、交通等场景不同，与医疗、司法、娱乐等场景也有显著的不同，它作用的对象是人，是人的思想、感情、人格，因而不仅仅要提高效率、赋能教育，更要关注教育的特殊性，重塑教育。但到目前为止，人工智能在教育中的运用尚停留于教育的传统场景，是以技术为中心，是对现有教育效能的强化，对现有教育效率的提高。至于现有教育效能是否需要强化，现有教育效率是否需要提高，尚缺乏思考，更缺少技术应对。我把目前这种状态称为“人工智能+教育”。而我们更需要的是基于促进人的发展的需要的智能教育，是以人的发展为中心，以遵循教育规律为旨归，它不仅赋能教育，更是重塑教育，是创设新的教育场景，促进教育的变革，促进人的自由的、自主的、有个性的发展，我把它称为“教育+人工智能”。

智适应学习的研究和运用目前也尚处于知识教学的层面，与全面育人的理念和教育功能相差甚远。从知识学习拓展到能力养成、情感价值熏陶，是更大的目标和更大的挑战。研发3D智适应学习系统，即通过知识图谱、认知图谱、情感图谱的整体开发，实现知识、能力、情感态度教育的一体化，提供有温度的智能教育个性化学习服务。促进学习者快学、乐学、会学，促进学习者成长、成功、成才，是“教育+人工智能”的出发点，也是华东师范大学上海智能教育研究院的追求目标。

培养智能素养，实现人机协同

人工智能不仅正进入各行各业，深刻改变所有行业的面貌，而且影响到我们每个人的生活；不仅为智能教育的发展创造了条件，也提出了提高教师运用智能教育技术改进教学方式的能力的要求，提出了提高全民智能素养的要求。关键的一点是学会人机协同。在智能时代，能否人机互动、人机协同，直接关系到一个人的工作效能，关系到学生学习、教师教学的效能和价值，也关系到每个人的生活能力和生活质量。对全体国民来说，提高智能素养，了解人工智能的基本原理、功能和产品使用，就如同工业革命到来以后，了解现代科学的知识一样，已成为每个公民的必备能力和基本素养。为此，我们组织编写了这套“人工智能与智能教育丛书”。

本丛书聚焦人工智能关键技术和方法，及其在教育场景应用的潜在机会与挑战，提出智能教育的未来发展路径。

为了编写这套丛书，我们组建了多学科交叉的研究团队，吸纳了计算机科学、软件工程、数据科学、心理科学、脑科学与教育科学学者共同参与和紧密结合，以人工智能关键技术为牵引，以教育场景应用为落脚点，力图系统解读人工智能关键技术的发展历史、理论基础、技术进展、伦理道德、运用场景等，分析在教育场景中的应用形式和价值。

本丛书定位于高水平科学普及，人人需看；秉持基础性、可靠性、生动性，从读者立场出发，理论联系实际，技术结合场景，力图通俗易懂、生动活泼，通过故事、案例的讲述，深入浅出、图文并茂地讲清原理、技术、应用和前景，希望人人爱看。

组织和参与这样一个跨越多学科的工程，对我们来说还是第一次尝试，由于经验和能力有限，从丛书整体策划到每一分册的写作，一定都存在许多不足甚至错误，诚恳希望读者、专家提出批评和改进建议。我们将不断更新迭代，使之不断完善。

华东师范大学上海智能教育研究院院长　袁振国

2021 年 5 月

序

太阳发出的一个脉冲经过4.2年的跋涉在比邻星上引起了另一个脉冲，信号波形完全相同。整个宇宙是一个大脑，每颗恒星是一个神经元，神经元之间的通信通过脉冲来实现。

刘慈欣笔下的宇宙大脑，瑰丽而浪漫，充满神秘感。而我们对自身大脑的理解，并没有比对宇宙的理解更深。

阿尔法狗战胜了人类棋手，人类引以为傲的智慧巅峰被机器一个个征服。机器被赋予“智能”，并以“人工智能”命名。人工智能最终会超越人类吗？人类将何去何从？这不再仅仅是技术问题，而逐渐成为人们思考和热议的社会问题。

智能和思维的本质是什么？大脑的运行仍然如宇宙一般深邃与神秘。

“类脑计算”是人工智能的一个新阶段。人工智能已经取得了一些眼花缭乱的成果，然而也有学者认为，如果真正的智能是月亮的话，那么，目前我们只是爬到了树上，离月亮是近了点，但以当前的技术路线是爬不到月亮上面去的。类脑计算从字面上讲，就是模仿人脑或者生物脑的计算。当前人们研究的类脑计算采用更接近生物脑的脉冲神经网络，和刘慈欣笔下的宇宙大脑一样使用脉冲来传递信息。类脑计算，或者脉冲神经网络，会是登上“真智能”月亮的飞船吗？

本书的主体部分分为五章，以手指月，希望带大家了解类脑计算的粗浅概貌。

第一章带您进入类脑计算的世界。该章简单介绍人工智能和类脑计算的基本概念、生物脑的基本工作原理，并全景式描述当前各国的研究状况。

第二章讲述人工智能和神经网络。神经网络是人工智能的技术基础，随着脉冲神经网络成为第三代神经网络，其经历了怎样的发展历程呢？

第三章解析脉冲神经网络。该章介绍的内容包括脉冲神经网络的基本单元神经元的生物结构和功能，信息神经元的设计思路，突触的生物学原理和学习训练机制，脉冲神经网络的结构及其学习算法，等等。

第四章讨论类脑计算的实现。类脑计算可以在底层器件层面、硬件芯片层面、软件仿真器层面以及软硬件协同层面来实现。不同层面有不同的特点，每一个层面都吸引了大量的科研工作者去研究。我们期待着突破性进展的早日到来。

第五章介绍类脑计算的一些应用。这些应用包括：从最简单经典的手写数字识别，到能自动平衡行驶的自行车，再到人工智能的“圣杯”——自动驾驶。与当前盛行的基于深度学习的人工智能不同，基于类脑计算的系统具有更简洁的网络、更低的功耗，甚至更好的网络可解释性。

本书由陈铭松、柴志雷、陈闻杰主笔，李子梅、张文胜、李佩琦、郁龚健、华夏参与了有关章节的编写。本书的目的在于展示类脑计算的各个方面，帮助读者对此建立初步的认知。按照丛书的整体要求，我们试图使本书既具有基础性，又具有前沿性。限于作者的专业水平和视角，这个目的很难令人满意地实现。虽然根据霍金的说法，一个公式会吓退一半的读者，但是我们仍旧难以抵挡公式的简洁性和严谨性的诱惑，还是放了不少在书中。作为补充，我们提供了一些图片，便于读者直观理解。全书如有错漏之处，也欢迎读者随时指正。

或许，类脑计算和脉冲神经网络仍然不是那个可以登月的飞船；又或许，它是莱特兄弟的飞机，虽然还离不开空气，但是已经脱离了地平线。路，还在前方。

神秘的智能世界，有待大家进一步探索。

陈铭松　柴志雷　陈闻杰

2022 年 4 月

目　　录

一 阿尔法狗比人聪明吗?

电脑和人脑的PK？

2016年3月9日至15日，令人瞩目的围棋界“人机大战”震惊了整个世界：谷歌公司的人工智能机器人阿尔法狗（AlphaGo）四比一打败韩国九段棋手李世石。一年后，阿尔法狗三比零战胜人类排名第一的中国棋手柯洁。从此在围棋这一人类引以为傲的智慧领域，“‘机’智过‘人’”再无悬念。这成为继1997年IBM公司的超级计算机深蓝（DeepBlue）在国际象棋领域战胜人类冠军卡斯帕罗夫之后的又一重大历史事件。

2017年10月23日，《纽约客》（*The New Yorker*）杂志的封面描绘了这样一幅画：一个邋遢的人类乞丐和他的小狗坐在街头乞讨，各色机器人精英分布四周，有的牵着机器狗宠物，有的在喝咖啡，有的在向人类乞丐施舍螺丝和螺帽。这引起了我们的思考。如今，人工智能的概念和影响力走出了学术圈，深刻地影响了人们的观念，甚至有人认为，人工智能最终超越人类的奇点时刻已经来临。人机大战会不会一触即发？人类将何去何从？这不再仅仅是技术问题，而逐渐成为人们思考和热议的社会问题。

回到技术起点复盘这场人机大战，我们发现仍然有很多细节值得研究。与人们想象的或一些漫画中表现的场景不同，阿尔法狗并非一个人形的机器人，它本质上是一台巨型的服务器，如图 1-1 所示。比赛中，阿尔法狗将计算

图 1-1　阿尔法狗服务器

得出的下一步棋显示在屏幕上，然后由一名人类代理将棋子下到真实棋盘上。当时的阿尔法狗含有1202个中央处理器（central processing unit，CPU）和176个图形处理器（graphics processing unit，GPU）。据测算，比赛中阿尔法狗的服务器功率至少为23.3万瓦，这还不包括保持系统运行的空调等产生的间接功耗。但是，李世石只用了约20瓦。也就是说，阿尔法狗需要的功耗是李世石的一万多倍。阿尔法狗每下一盘棋所需要的电费成本约为3000美元，而李世石只需要一块牛排和一杯咖啡。这提醒我们，我们还需要进一步探索像人脑一样低功耗且高效的计算方式，也就是"类脑计算"。

人工智能和类脑计算

自古以来，研制出智能机器一直是人类的一个梦想。计算机的发明为人类智能的机器化点亮了一道曙光。但是，人们很快发现计算机能做的事和人类能做的事有很大不同。计算机具有不会消失的记忆和很强的运算能力，但是缺乏感知能力和创造力。例如，《中国诗词大会》小选手王恒屹6岁时就能背800多首诗词，即兴挑战"飞花令"技惊四座，堪称神童，然而这对一个最简单的计算机来说也毫不费力，它需要的只不过是存储和检索而已。反之，尽管现在出现了很多作诗机，但是其作品往往远看辞藻美好，近看不知所云，像"七宝楼台，炫人眼目，碎拆下来，不成片段”。一个机器也没法理解“白毛浮绿水，红掌拨清波”这样朴素的描写究竟好在哪里。

早在20世纪50年代，计算机科学之父艾伦·图灵和现代计算机之父冯诺依曼便讨论过受人脑启发的机器。1956年，在美国达特茅斯学院的一次专题讨论班上，“人工智能”的概念被首次提出，召集人约翰·麦卡锡（John McCarthy）将它定义为“制造智能机器的科学与工程”，“模拟、延伸和扩展人类智能”是它的目标。

人工智能的技术基础是人工神经网络（artificial neural network，ANN）。人工神经网络是对人脑或生物神经网络（biological neural network）若干基本特性的抽象和模拟。在不引起混淆的情况下，“人工神经网络”常常被简称为神经网络。

随着计算机技术的飞速发展，人工智能在图像识别、语音识别、目标跟踪、自动驾驶等领域取得了巨大的成就。但是目前的人工智能技术采用的人工神经网络仍然存在很大的不足，例如训练时间过长、功耗过高、智能度不高等。而且，目前的人工神经网络研究并不注重脑神经网络或者神经科学本身。要实现真正意义上的人工智能，恐怕需要进一步分析脑的工作机制，让机器按脑处理信息的方式进行工作。

类脑计算，狭义地说，是指仿真、模拟和借鉴脑生理结构和信息处理过程的装置、模型和方法，其目标是制造类脑计算机和类脑智能。广义地说，部分利用脑神经的工作原理与机制或受其启发的计算，也可称为类脑计算，又称脑启发计算或神经拟态计算。通俗地讲，类脑计算就是以人脑的方式进行的计算。脑作为人体的控制中心，能够以非常高的效率实现分类、学习、控制等任务。类脑计算的基础是脉冲神经网络（spiking neural network，SNN），它被誉为第三代神经网络，而当前主流的人工神经网络被称为第二代神经网络。读者需要注意的是，在有些文献中，"人工神经网络"特指"第二代神经网络"，此时"人工神经网络"和"脉冲神经网络"是并列关系。在其他一些文献中，"脉冲神经网络"被称为"第三代神经网络"。脉冲神经网络是对脑功能的一种模拟尝试。同传统的人工神经网络不同，脉冲神经网络通过发放脉冲（spike，或译作尖峰）传递信息，具有更好的脑模拟效果。因此，脉冲神经网络具有生物合理性，还可达到更高的能效比。脉冲神经网络在一些重要方面也有望对现有的计算和人工智能体系进行突破。

学术界对类脑计算的具体研究内容有不同的理解。有学者认为，类脑计算研究是一种模仿神经生理学和生理心理学机制，为某种智能应用设计实现方法的研究；它是人工智能研究的一个子集，针对智能仿真及其应用，研究内容涵盖计算机科学、自动化和控制论范畴的算法设计和系统实现等。也有学者认为类脑计算试图探寻一种更接近生物脑思维模式的计算体系结构，借助具有生物似真性的脉冲神经网络来构建类脑的识别方法、自主学习算法。类脑计算不是对人脑神经元的简单模拟和对神经元模型的应用，而是对人脑信息处理规律、复杂工作模式，以及思维、学习、推理、决策的本质性机理的深层次模拟。

基于已有的脑与神经科学的研究，人工智能的研究领域得到诸多重要启示。脑科学研究与人工智能研究交叉并进，理解了生物学中脑的特点对人工智能领域的发展具有推动作用。在长期的自然选择和生物进化过程中，人脑形成了强大的思维能力与绝佳的智能感知能力。能够“举一反三、融会贯通”的人脑可轻松地应对各类型的问题，诸如听觉、嗅觉、视觉、推理和决策等问题。然而，这些“轻而易举”的能力却是现代计算机无法比肩的地方，亦是现代计算机研究努力的方向。通过借鉴生物脑（特别是人脑）的机理开展通用智能的类脑计算研究，是当前构筑通用智能系统的首选路径。传统的人工神经网络虽然在神经元、突触连接等方面从神经科学中得到了借鉴，但与实际的脑神经信息处理机制还有较大的差别。在真实的人脑神经系统中，脑神经元和突触直接相连，能耗少，连接神经元的突触具有可塑性，可以通过前后神经元所发出信号的强弱、极性、频率来调整传递的效能，并在前突触神经元发出的信号消失后依旧保持效能。人脑的这一特点使脑的神经网络结构动态可塑，并能随外部信息的变化进行自适应调整，这也是类脑计算的生物学基础。我们期待，类脑智能比传统的人工智能在实际应用和未来前景上都更具广阔性，如基于机器学习的逻辑推理、基于人机交互的智能家居、基于数据分析的公共安全预警等。特别地，当在指数量级的“大数据”上展开处理时，类脑智能的相关技术将能对非结构化的图表、音频、视频等展开深度解析。

脑和生物神经是怎么工作的?

脑

要了解“类脑”计算是怎么工作的，就需要先看看“正宗”的脑是怎么工作的。

脑是人体最重要的器官，是意识和思维的载体。然而，“不识庐山真面目，只缘身在此山中”，我们人类对脑的理解仍然是非常浅薄的。大脑最外面的皱褶层叫作大脑皮质，是涉及所有重要的脑功能的关键区域。宏观地看，不同部位有不同的功能，如图 1-2 所示。例如，大脑后方是视觉功能区，中间上侧有运动功能区、感觉功能区，侧前方还有语言功能区。目前，我们只能大致理解上述脑区和相关功能的关系，更多的细节仍然不得而知。

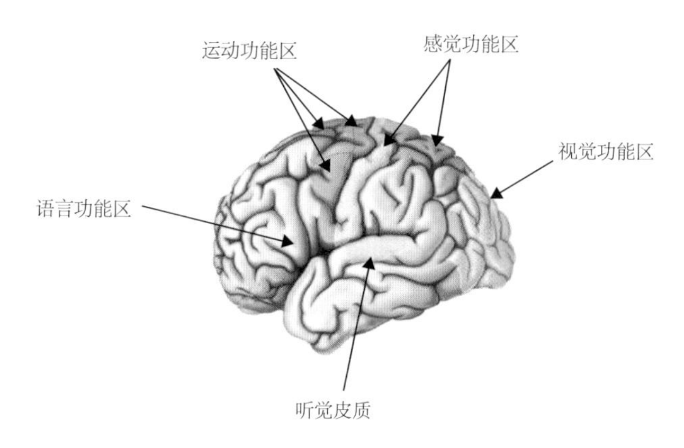

图 1-2　大脑皮质功能区示意图

图片来源：http://www.neuro.sofiatopia.org/ibrain5.jpg.

神经元

从微观尺度来看，脑和神经系统主要是由神经细胞组成的，神经细胞包括神经元和神经胶质细胞等，起主要作用的是神经元。每一脑区所包含的神经元种类多样，要理解神经系统处理信息的工作原理，必须先了解神经元层面的神经连接结构和电活动情况。

一个典型的生物神经元主要包括细胞体、树突和轴突三部分。细胞体负责处理接收到的信号。树突是指从细胞体向外伸出的呈树枝状的突起，短而分支多，充当着神经元的输入端。轴突是指由细胞体向外伸出的一条长轴状突起，长而分支少，充当神经元的输出端。简单理解，就是：

树突（输入）→细胞体（处理）→轴突（输出）

一个神经元的轴突末梢可以与其他多个神经元的树突相接触，形成神经元之间的连接。突触（synapse）就是一个神经元的输出和下一个神经元的输入的连接点。复杂的突触结构构成了复杂的神经系统的基础。

生物神经元研究简史

从唯物主义的立场分析，人脑神经系统虽然非常复杂，但仍然是一个有限的物理结构。通过从分子生物学和细胞生物学等方面多层次解析人脑神经元和突触的物理化学特性，理解神经元和突触的信号加工和信息处理特性变得可行。

1939年，剑桥大学的艾伦·霍奇金（Alan Hodgkin）和安德鲁·赫胥黎（Andrew Huxley）为了研究神经元信号加工过程，自制工具测量了巨型乌贼（枪乌贼）神经元的静息电位和动作电位。图 1-3 描绘了这一巨型乌贼的大轴突与霍奇金和赫胥黎记录的第一个神经元发送脉冲信号时的动作电位。1949 年，他们精确测量了神经元传递电信号（或称神经脉冲）的动态过程，并给出了精确描述这一动力学过程的微分方程，这一方程被称为霍奇金 - 赫胥黎模型（Hodgkin-Huxley model，简称 HH 模型）。二人亦因此获得 1963 年的诺贝尔生理学或医学奖。

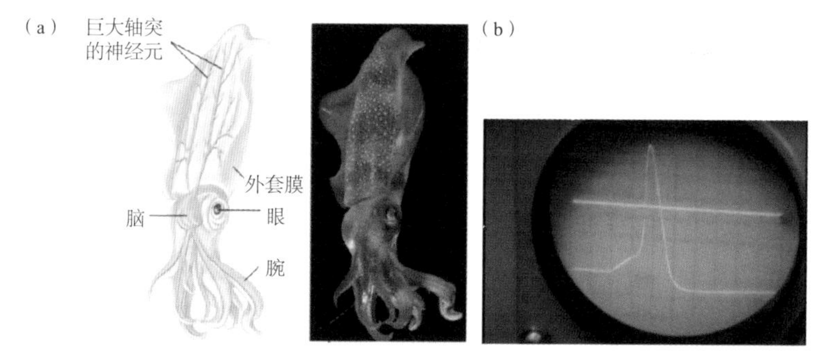

图 1-3 （a）巨型乌贼（枪乌贼）的大轴突；（b）霍奇金和赫胥黎记录的第一个神经元发送脉冲信号时的动作电位

图片来源：HODGKIN A L, HUXLEY A F, 1990. A quantitative description of membrane current and its application to conduction and excitation in nerve [J]. Bulletin of Mathematical Biology, 52(1-2):25-71.

科学家之所以选择巨型乌贼是因为它的轴突很大，比人类的轴突宽 1000 倍。为什么乌贼需要这么大的轴突？因为乌贼的轴突与喷水推进系统相连，且宽轴突传输电信号的速度比窄轴突更快——增加的宽度允许更多的电子流过，这使得乌贼可以迅速摆脱掠食者。巨型乌贼的这种宽轴突使它们成为研究动作电位的理想实验生物，因为研究人员可以轻易地将电极插入乌贼的轴突中测量其动作电位的变化，以了解神经系统如何运作。

1949 年，加拿大生理心理学家唐纳德·赫布（Donald Hebb）提出了赫布理论：一起激发的神经元连在一起（neurons that fire together wire together）。这至今都是神经网络模型广泛采用的基本原则。

1952 年，中国现代神经科学奠基人张香桐发现树突具有电兴奋性，树突上的突触可能对神经细胞兴奋性的精细调节起重要作用。1992 年，国际神经网络学会授予张香桐终身成就奖，证书上写道，张先生的研究报告“为树突电流在神经整合中起重要作用这一概念提供了直接证据。……这一卓越成就，为我们将来发展使用微分方程和连续时间变数的神经网络，而不再是数字脉冲逻辑的电子计算机奠定了基础”。

1998 年，托斯迪克斯（Misha Tsodyks）和马克拉姆（Henry Markram）等人提出了神经突触计算模型。同年，毕国强和蒲慕明提出了神经突触的脉冲时序依赖可塑性（spike timing-dependent plasticity，STDP）规则。

类脑计算受生物脑启发。要发展类脑计算，就需要熟悉生物脑基本单元（各类神经元和神经突触等）的功能及网络结构。人脑大概有数百种神经元，总个数可达上千亿（10^{11} 数量级），每个神经元通过数千乃至上万个突触和其他神经元相连接，总连接数可达 10^{14} 数量级，差不多是一千个银河系的恒星数总和。可以说，人脑就如同一个小宇宙。

全世界都在研究类脑计算

1989年，加州理工学院的卡弗·米德（Carve Mead）提出了“类脑工程”概念，采用亚阈值模拟电路来仿真脉冲神经网络，并将其应用于仿真视网膜。20世纪90年代到21世纪初，在摩尔定律的作用下，基于冯诺伊曼体系结构的计算机的处理器主频与性能得到持续优化，与此同时，基于仿真主义的类脑计算则沉寂了十余年。

从2004年左右开始，类脑计算相关研究又逐步发展起来，出现了不少阶段性成果。各国脑计划相继展开，脑解析的步伐不断加快，未来10年有望实现高等动物全脑解析。在类脑计算机的实现方面，就像1948年晶体管的发明引发计算机革命一样，纳米级别的人造突触和人造神经元的研发，也有望掀起一场计算机的新革命，从而开启通往强人工智能的大门。

近年来，类脑计算作为脑科学和信息科学的研究方向之一，得到世界各国政府的重视。2013年，美国启动了“创新型神经技术脑研究计划”（Brain Research Through Advancing Innovative Neurotechnologies，BRAIN）。同年，欧盟推出“人脑计划”(Human Brain Project，HBP)。2014年，日本发布其脑研究计划。2016年，中国发布名为“脑科学与类脑科学研究”的中国脑计划。

2014年IBM发布仿人脑芯片TrueNorth。这个芯片只有一枚一元硬币大小，却集成了约100万个神经元和2.6亿个突触，能够模拟处理感觉、视觉、嗅觉以及环境信息的右脑，而功耗只有70mW。TrueNorth的应用领域包括但不局限于手势识别、情感识别、概率推理、图像分类和对象追踪。德国海德堡大学的研究人员在神经拟态芯片研制方面已有十多年积累，2015年3月，他们在一个8英寸硅片上集成了约20万个神经元和5000万个突触。装载这种“神经拟态处理器”的计算机已经成功运行，其神经元采用模拟电路实现，功能比IBM的方案更接近生物神经元。英国曼彻斯特大学的SpiNNaker系统基于ARM芯片构建了大规模脑仿真系统，它借鉴了神经元脉冲放电模式，以较少的物理连接快速传递脉冲。美国斯坦福大学的Neurogrid能够模拟约100万个神经元细胞以及数十亿个突触连接。这种电路板的运算速度可达到当前电脑的9000倍。瑞士苏黎世理工学院的ROLLS处理器基于亚阈值模拟混合电路实现了脉冲神经网络，其中每个芯片上有256个神经元和12.8万个突触。英国剑桥大学的BlueHive基于数字电路实现了脉冲神经网络，其中每个现场可编程门阵列（field programmable gate array，FPGA）上有约6.4万个神经元、6400万个突触。爱尔兰阿尔斯特大学与爱尔兰国立大学研发的EMBRACE基于模拟混合电路和遗传算法实现了脉冲神经网络，其中每个处理单元上有32个神经元，每个输入神经元有144个突触，每个输出神经元有17个突触。美国加州大学圣地亚哥分校设计了一个由约6.5万个神经元集成的发射阵列传感器（IFAT），用于基于脉冲的神经计算，具有低功耗、高吞吐量的连接能力。美国高通公司的 Zeroth 神经处理器（neural processing unit，NPU)，与 CPU、GPU、数字信号处理（DSP）等处理单元并列作为一个协处理器，目标应用领域是手持移动设备。Si Elegans 的硬件层包括由超过 300 个 FPGA 组成的硬件神经网络（每个神经元 1 个)、由 27 个 FPGA 组成的硬件肌肉网络（每 5 个肌肉 1 个）和 1 个 FPGA 接口管理器。清华大学基于 FPGA 实现了大小为 16384 个神经元和 1680 万个突触的脉冲神经网络，其能耗只需要 0.477 瓦。杜克大学基于 FPGA 实现了脉冲神经网络，其使用 LIF 神经元模型，并使用 tempotron 有监督算法进行图像分类。2020 年 3 月，一篇发表在《自然：机器智能》（*Nature: Machine Intelligence*）杂志的论文显示，英特尔公司的神经拟态芯片 Loihi 能嗅出 10 种危险化学品的气味。相关项目成果的信息如表 1-1 所示。

表 1-1　主要类脑计算成果

单位	成果	实现技术	神经元个数	突触个数
美国 IBM 公司	TrueNorth	数字电路	每个芯片上有 4096 个计算内核；每个计算内核上有 256 个神经元	每个计算内核上有约 6.4 万个突触
德国海德堡大学	HICANNs/BrainScales	模拟混合电路，晶片级集成	每个芯片上有 512 个神经元；每个晶片上有 448 个芯片	每个芯片上有约 11.5 万个突触
英国曼彻斯特大学	SpiNNaker	18 核 ARM 芯片，片上网络互联	每个核上有约 1000 个神经元；核的个数可达百万级别	每个核上有约 100 万个突触

续表

单位	成果	实现技术	神经元个数	突触个数
美国斯坦福大学	Neurogrid	亚阈值模拟混合电路	每个芯片上有16个神经核；每个神经核上有约6.5万个神经元	每个芯片上有约3.8亿个突触
瑞士苏黎世理工学院	ROLLS处理器	亚阈值模拟混合电路	每个芯片上有256个神经元	每个芯片上有约12.8万个突触
英国剑桥大学	BlueHive	数字电路，多FPGA集群	每个FPGA上有约6.4万个神经元	每个FPGA上有约6400万个突触
爱尔兰阿尔斯特大学与爱尔兰国立大学	EMBRACE	模拟混合电路，分级片上网络互联	每个处理单元上有32个神经元（16个输入神经元+16个输出神经元）	每个输入神经元有144个突触；每个输出神经元有17个突触
美国加州大学圣地亚哥分校	IFAT	模拟混合电路	每个芯片上有约6.5万个神经元	每个芯片上有约6500万个突触
美国高通公司	Zeroth神经处理器	模拟混合电路	未知	未知
欧洲多家研究机构	Si Elegans	数字电路，多FPGA集群（最多330个）	每个FPGA上有1个神经元	全连接
清华大学	基于FPGA的脉冲神经网络实现模型（未正式命名）	数字电路，FPGA	16384个神经元	1680万个突触
杜克大学	神经计算硬件单元（未正式命名）	数字电路，FPGA	52个神经元	144个突触
英特尔公司	Loihi	神经拟态芯片	未知	未知

中国的类脑计算研究也取得了长足的进步。2016年，中国科学院计算技术研究所和中科寒武纪科技股份有限公司推出全球首个智能处理器指令集DianNaoYu（“寒武纪”的指令集），设计并实现了全球首个能够深度学习的低功耗神经网络处理器芯片，并通过了初步阶段的全部功能测试。它包含独立的神经元存储单元和权重存储单元，以及多个神经元计算单元，每秒能处理约160亿个神经元和2.56万亿个突触的运算，可达到每秒512 GB的浮点运算速度，比英特尔公司的通用处理器的能效高了100倍，可广泛适用于各种智能处理应用。2019年清华大学类脑计算研究中心发布了一款类脑计算芯片“天机芯”。该芯片是面向人工通用智能的世界首款异构融合类脑计算芯片，它含有156个计算功能核，约4万个神经元和上千万的突触，可同时支持计算机科学和神经科学的神经网络模型，例如人工神经网络和脉冲神经网络。基于“天机芯”，该团队还开发了一个无人驾驶自行车系统。浙江大学及杭州电子科技大学联合研究团队于2015年研发了一款基于互补金属氧化物半导体（complementary metal-oxide-semiconductor，CMOS）数字逻辑的脉冲神经网络芯片“达尔文”，主要面向低功耗嵌入式应用领域，支持基于LIF神经元模型的脉冲神经网络建模，单核最多支持2048个神经元、400万个神经突触（全连接）和15个不同突触延迟。2016年6月，中星微电子有限公司“数字多媒体芯片技术”国家重点实验室宣布，已研发成功具备深度学习功能的嵌入式视频采集压缩编码系统级芯片“星光智能一号”。这些成果及其应用见表1-2。

表 1-2　国内主要人工智能芯片成果

类型	成果名称	单位	应用领域
人工神经网络芯片	寒武纪	中国科学院计算技术研究所、中科寒武纪科技股份有限公司	图像、视频、语音、文本、自然语言理解、决策
脉冲神经网络芯片	达尔文	浙江大学、杭州电子科技大学等	手写数字识别、脑电波编码
	天机芯	清华大学	图像
视觉处理芯片	星光智能一号	中星微电子有限公司	图像、视频

总而言之，从 1989 年走向沉寂，到 2004 至 2005 年悄然复兴，类脑计算在近年成为新的研究热点。造成这一趋势的部分原因在于，采用传统的冯诺伊曼体系结构的计算机存在内存与功耗瓶颈，摩尔定律面临失效的挑战，目前的计算机处理器系统能耗过高、认知任务处理能力不足，无法满足科学计算及新兴领域等的算力需求。类脑计算开辟了新的道路，引领我们进行新的探索。

二　人工智能和神经网络

人人都在说的人工智能到底是什么

1956年，美国达特茅斯学院召开的一个夏季研讨会首次提出了“人工智能”（artificial intelligence，AI）这个术语，一个新的时代自此开启。人工智能的先驱们梦想着用当时刚刚出现的计算机来构造复杂的、拥有与人类智慧同样本质特性的机器。美国麻省理工学院的帕特里克·温斯顿（Patrick Winston）教授认为：“人工智能就是试图让计算机去做只有人才能做的智能工作。”从本质上来说，人工智能就是用机器来实现的智能，亦称机器智能。达特茅斯会议使用了“artificial”（人工的）这个词，暗示了人的力量和作用，这可能也是这个名词得以成功的重要原因。中文语境下，“人工智能”和“人类智能”仅一字之差，这也时时刻刻暗示着人工智能对人类智能的比拟。

“拥有与人类智慧同样本质特性的机器”实际上是指我们现在所说的“强人工智能”（strong AI）。这个无所不能的机器有着人类所有的感知、所有的理性，可以像人类一样思考。电影里经常出现各种拟人化后的强人工智能，它们中有些对人类是友好的，如星球大战中的C-3PO；有些对人类是充满恶意的，如终结者。强人工智能现在还只存在于电影和科幻小说中，我们没法实现它们，至少现在还不行。

我们目前能实现的人工智能一般被称为“弱人工智能”（weak AI）。在一些特定的领域，如人脸识别、语音聊天、下棋、智能驾驶等，弱人工智能可以和人一样，甚至比人更好地执行特定的任务。但是，弱人工智能的应用领域比较狭窄，所以也被称为“窄人工智能”（narrow AI）。在更加需要想象力的领域，它还没法与人类相比。例如，在明确的规则下，阿尔法狗可以战胜人类棋手，但是它还不能发明棋的规则，也不会像人类的故事里一样故意输棋。

人工智能、机器学习、深度学习的发展及其关系是怎么样的呢？举例来说，图像分类或者人脸识别是弱人工智能应用于实践中的例子，这些技术实现的是人类智能的一部分。但它们是如何实现的？这部分智能从何而来？这就带我们来到人工智能的下一层级——机器学习。

机器学习是实现人工智能的一种方法。机器学习的概念来自早期的人工智能研究者，已经研究出的算法包括决策树学习、归纳逻辑编程、增强学习和贝叶斯网络等。简单来说，机器学习就是使用算法分析数据，从中学习并做出推断或预测。与传统的使用特定指令集手写软件不同，我们使用大量数据和算法来“训练”机器，让机器学习如何完成任务。

计算机视觉一直是机器学习的重要应用领域。例如，交通标志识别就是一个比较典型的应用。若要识别一个“停”字牌，人们就需要编写一些分类器（classifier），如辨别标志牌边界的边缘检测筛选器、判断物体是否有八条边的图形检测分类器，以及识别“停”字或英文S、T、O、P四个字母的分类器。在这些分类器的基础上，人们再进一步开发用于理解图像的算法，并让机器去学习判断标志牌上是否有“停”或“STOP”。但是由于计算机视觉和图像检测技术的滞后，这种识别经常出错。

深度学习是实现机器学习的一种技术。那么深度学习的核心是什么呢？其实就是我们经常听到的“神经网络”。顾名思义，神经网络粗略地模仿了人脑处理信息的过程。乍一听，你可能觉得神经网络很复杂，但它的核心理念并不复杂。深度学习常见的应用场景是对象识别，其本质是一个分类问题，如看到一个动物，是把它归类为一只猫，还是一只狗，还是其他？这是根据识别对象的特征来进行划分的。譬如沙滩上有一些红色和蓝色贝壳，让一个小孩画条线把两类分开。如果只考虑一个特征，相对是比较好画的，如图2-1（a）所示。而神经网络所做的工作也就是找出一条用来分隔红色和蓝色贝壳的分界线。对于一些简单的红点或蓝点的分布，神经网络可以找到一条直线来分

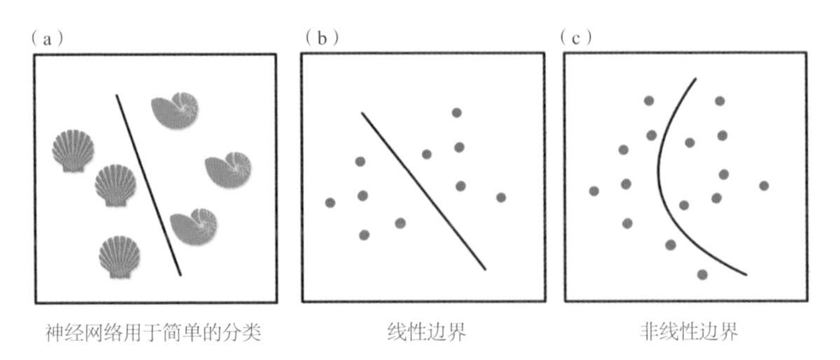

图 2-1　神经网络的作用与分类边界

隔它们，这条线被称为线性边界，如图 2-1（b）；而对于比较复杂的数据分布则找不到直线作为边界，这一类边界被称为非线性边界，如图 2-1（c）所示，这类分界线需要层数更深的神经网络来寻找。

第一代神经网络：感知器

1958 年，美国计算机科学家弗兰克·罗森布拉特（Frank Rosenblatt）提出感知器（perceptron）的概念，并用电路实现，来模拟生物的感知和学习能力。感知器是第一代神经网络的起源，也是神经网络的起源。为了纪念罗森布拉特的贡献，电气与电子工程师协会（Institute of Electrical and Electronics Engineers，IEEE）设立了 IEEE 弗兰克·罗森布拉特奖。

感知器有多个输入信号（0 或 1），一个输出信号（0 或 1）。假设输入信号是 x_1，x_2，…，x_n，输出信号是 y，则 y=1 时称为被激活，y=0 时称为被抑制。

我们知道，所有的数字电路最终都可以表示成“与门”、“或门”以及“非门”这三种逻辑的组合。对“与门”逻辑来说，所有输入（x_1，x_2，⋯，x_n）都是1的时候，y=1，否则y=0。如果是“或门”，则所有x都是0的时候，y=0，否则y=1。对于“非门”，则只有一个输入，一个输出，且输出是输入的取反，即x=0的时候，y=1，否则y=0。

罗森布拉特的天才设计在于使用权重和阈值实现了不同逻辑关系的统一表示。以二输入为例，用w_1、w_2表示输入x_1、x_2的权重，以θ表示阈值，则一个二输入感知器可以用式（2.1）来表示：

$$y=\begin{cases}0 & (w_1x_1+w_2x_2\leqslant\theta)\\1 & (w_1x_1+w_2x_2>\theta)\end{cases}\qquad(2.1)$$

用神经元结构和逻辑结构分别表示，如图2-2所示。

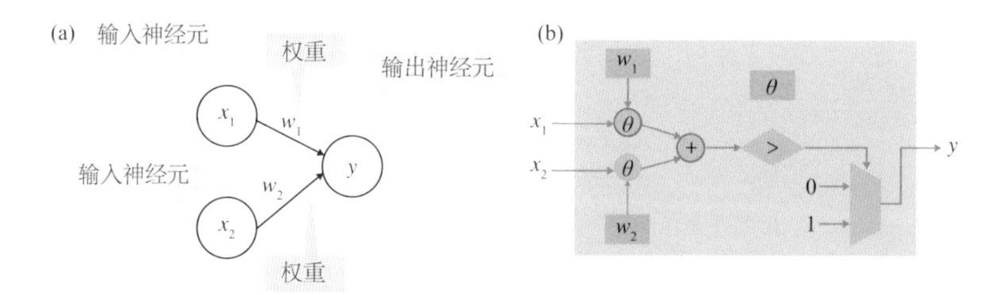

图2-2　一个二输入的感知器：（a）神经元结构；（b）逻辑结构

要实现一个与门，参数组合（w_1, w_2, θ）可以有无数个。例如，（0.5，0.5，0.7）（0.5，0.5，0.8）（1.0，1.0，1.0）都满足与门的条件，你可以代入上式进行验证。而且，通过调节参数组合（w_1，w_2，θ），还可以实现与非门（与门和非门的串联组合）和或门。

你也可以思考一下什么（w_1，w_2，θ）组合可以实现或门、与非门等。

也就是说，采用同样的结构，仅使用不同的参数，就可以实现不同的逻辑功能。这种结构和数据分离的模式开辟了神经元计算的广阔前景。

为了便于一般化的处理，将式（2.1）进行变形。令$b=-\theta$，并移到不等号左边，则可得到式（2.2）：

$$y=\begin{cases}0 & (b+w_1x_1+w_2x_2\leqslant 0)\\1 & (b+w_1x_1+w_2x_2>0)\end{cases} \tag{2.2}$$

这样，判断条件部分成为一个多元一次不等式。b被称为偏置。偏置和权重的作用是不一样的。权重（w_1，w_2）控制输入信号的重要性，而偏置调整神经元被激活（输出1）的容易程度。在有些地方b也写成w_0，和w_1、w_2等统称为权重，式（2.2）也就成为更具一般性的多元一次不等式。

那么，问题来了：感知器能实现所有二输入门吗？不幸的是，随着感知器研究的逐渐深入，1969年，马文·明斯基（Marvin Minsky）等从数学的角度分析了简单感知器的功能及其局限性，比如不能解决“异或”（XOR）这样的基本逻辑问题，这导致此后很长一段时间内关于神经网络的研究处于停滞的状态。

为了形成更直观的印象，我们通过可视化图的形式来做进一步分析。根据式（2.2），记：

$$f=b+w_1x_1+w_2x_2=0$$

则有：

$$x_2=-\frac{w_1}{w_2}x_1-\frac{b}{w_2} \tag{2.3}$$

这样，我们就可以在以（x_1，x_2）为坐标轴的平面上画一条直线（斜线）：斜率为$-\frac{w_1}{w_2}$，x_2轴截距为$-\frac{b}{w_2}$，如图2-3所示。

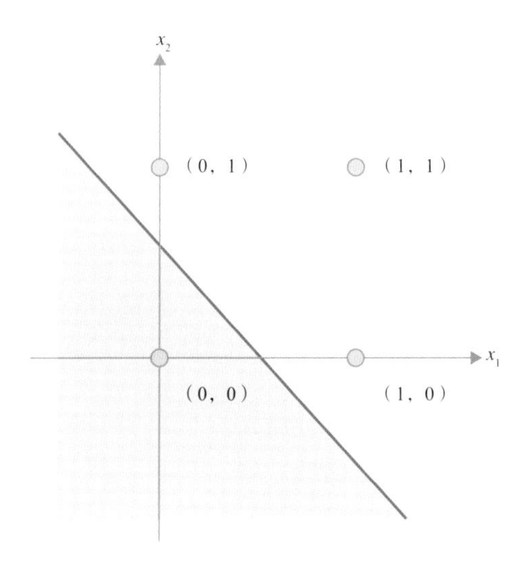

图2-3 感知器条件方程的可视化

结合式（2.2），还可得出：

斜线下方（含斜线的阴影部分）：$f\leqslant 0$：$y=0$

斜线上方：$f>0$：$y=1$

将或门、与门、与非门的真值用圆柱标识在以（x_1，x_2）为坐标轴的平面上（高圆柱表示$y=1$，矮圆柱表示$y=0$），再通过调节所画斜线的位置对圆柱进行分割归类，就可以得到或门、与门、与非门的可视化表示，如图2-4所示。

从图中也可以看出，同一种逻辑门的斜线位置在满足（0，0）（0，1）（1，0）（1，1）四个分割点的前提下可以有无数种选择。

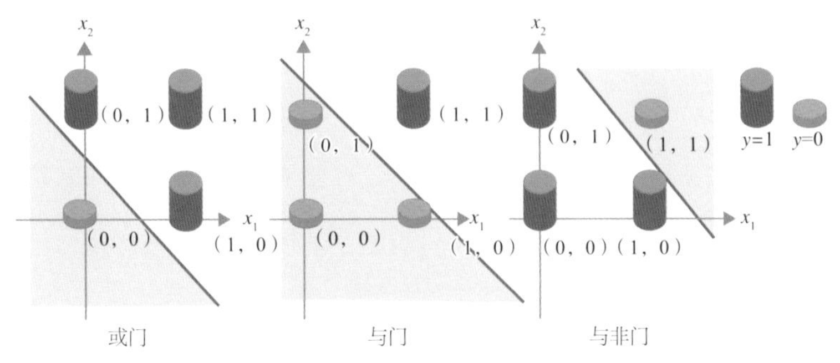

图 2-4　或门、与门、与非门的可视化

异或门的可视化如图 2-5 所示。异或门是指两个输入不相等，即 $x_1 \neq x_2$ 时，y=1，而 x_1=x_2 时，y=0 的逻辑门电路。在（x_1，x_2）坐标系里，异或门使 y=1 的两个点是（1，0）和（0，1），使 y=0 的两个点是（0，0）和（1，1）。它们呈对角线分布，无法用一条直线进行分割归类。

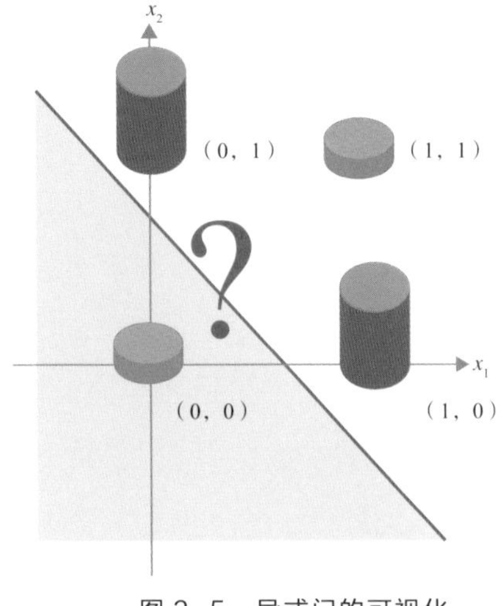

图 2-5　异或门的可视化

感知器的局限性就在于它只能表示由一条直线分割的空间。这是由感知器的条件方程是一次方程这一特点决定的。这种用直线分割的方法也被称为线性分割法，分割的空间被称为线性空间。

那么，有没有非线性的分割法呢？答案是肯定的，图 2-6 显示了两种非线性分割法。

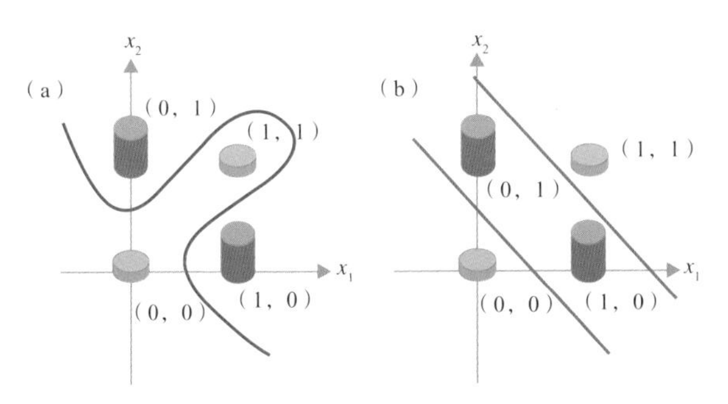

图 2-6　异或门的非线性分割法

如式（2.4）所推导的，我们来看看异或门在逻辑结构上怎么实现：

$$
\begin{aligned}
y &= a \oplus b \text{①} \\
&= a'b + ab' \\
&= aa' + ab' + a'b + bb' \\
&= (a+b)(a'+b') \\
&= (a+b)(ab)'
\end{aligned}
\tag{2.4}
$$

图 2-7 画出了异或门用与门、或门、与非门（与门和非门的复合体）实现的逻辑结构。

① ⊕为异或运算符。

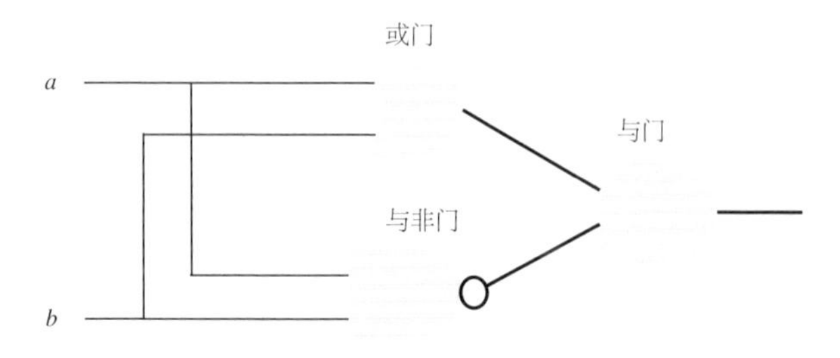

图 2-7　异或门的逻辑实现

由此可知，单层感知器无法表示的东西，通过增加一层结构就可以解决。如图 2-8 所示，增加了神经元 s_1、s_2 后，多层感知器构成了网状结构，神经网络出现了。

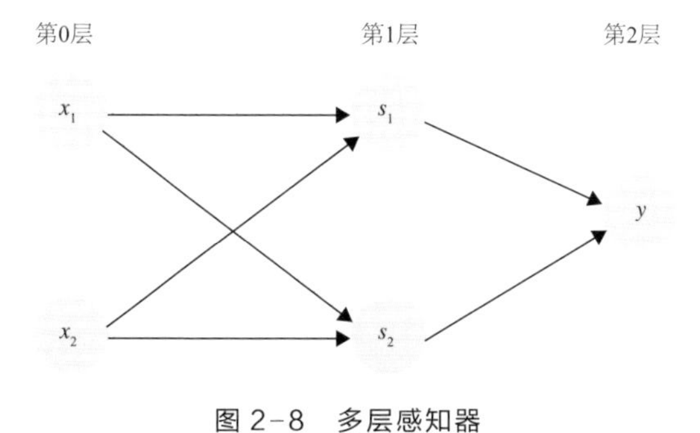

图 2-8　多层感知器

第二代神经网络

多层感知器

第二代神经网络是在多层感知器的基础上实现的。

定义阶跃函数：

$$h(x) = \begin{cases} 0 & x \leqslant 0 \\ 1 & x > 0 \end{cases} \tag{2.5}$$

它的形状像一个台阶，如图 2-9 所示。

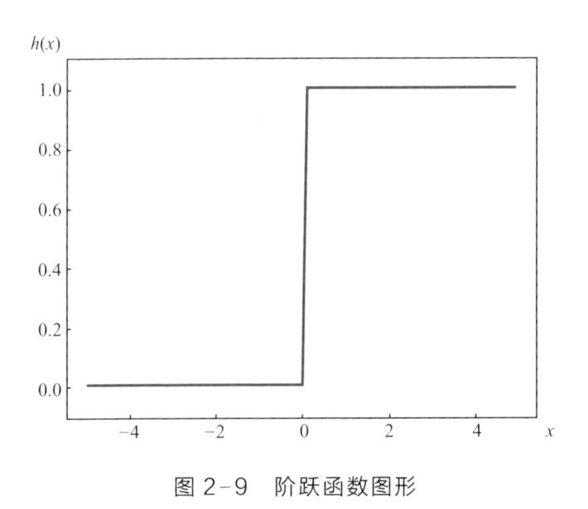

图 2-9 阶跃函数图形

结合式（2.3）、式（2.5），可得：

$$
\begin{aligned}
y &= h(f) \\
&= h(f(x_1, x_2)) \\
&= h(f_{bw_1w_2}(x_1, x_2)) \\
&= h(b + w_1x_1 + w_2x_2)
\end{aligned}
\tag{2.6}
$$

通过阶跃函数，图 2-2(a) 可以进一步表示为图 2-10。阶跃函数 $h()$ 用于决定输入神经元在权重影响后的结果是抑制输出还是激活输出。这种决定如何激活输入信号的总和的函数，即如何使 f 作用于 y 的函数被称为激活函数。感知器的激活函数是阶跃函数，也可以说感知器是一种其激活函数是阶跃函数的简单神经网络。

由于感知器（第一代神经网络）不能解决非线性分类问题，所以第二代神经网络的神经元单元增加了连续非线性，使用非线性激活函数代替感知器中的阶跃函数，使其能够计算一组连续的输出值。这种第一代神经网络向第二代神经网络的非线性升级是神经网络向更复杂的应用和更深度

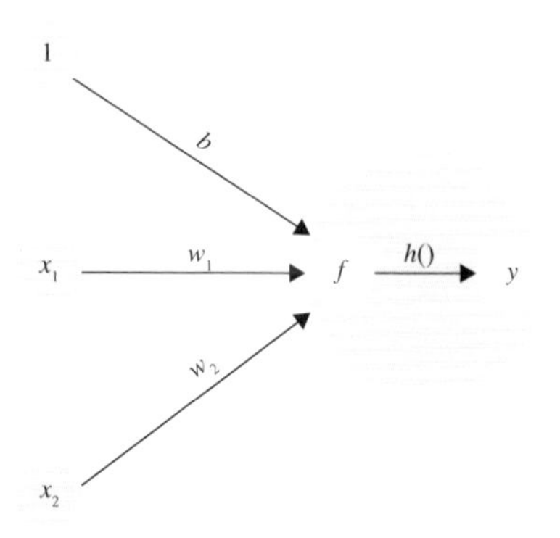

图 2-10　带激活函数的感知器神经元结构

的实现进行扩展的关键。当前主流的深度神经网络基于第二代神经网络，在输入和输出之间具有多个隐藏层（又称中间层），层次的增多有利于提取更复杂的特征。实际上，因为它们能够计算连续的值，所以在这类函数模型中，前一层的渐变可以引起后一层的渐变，由于函数的单调性，后一层变化的实现又可以反推前一层的变化，这种机制被称为反向传播，可用于训练校正神经网络参数，这也是目前训练深度神经网络的标准算法。

激活函数不是唯一的，通常是根据一定的目标人为构建出来的。图 2-11 展示了几个常用的激活函数的图形。

一个典型的非线性激活函数是 Sigmoid 函数，也被称为 S 函数。Sigmoid 函数的定义如式（2.7）所示，在式中记 Sigmoid 函数为 s（x）。Sigmoid 函数是对阶跃函数的一种人为修正。它将一个实数映射到（0，1）的区间。从小坐标尺度上看，Sigmoid 函数近似于线性函数，如图 2-11（a）所示；而从大坐标尺度上看，它近似于阶跃函数，但它是

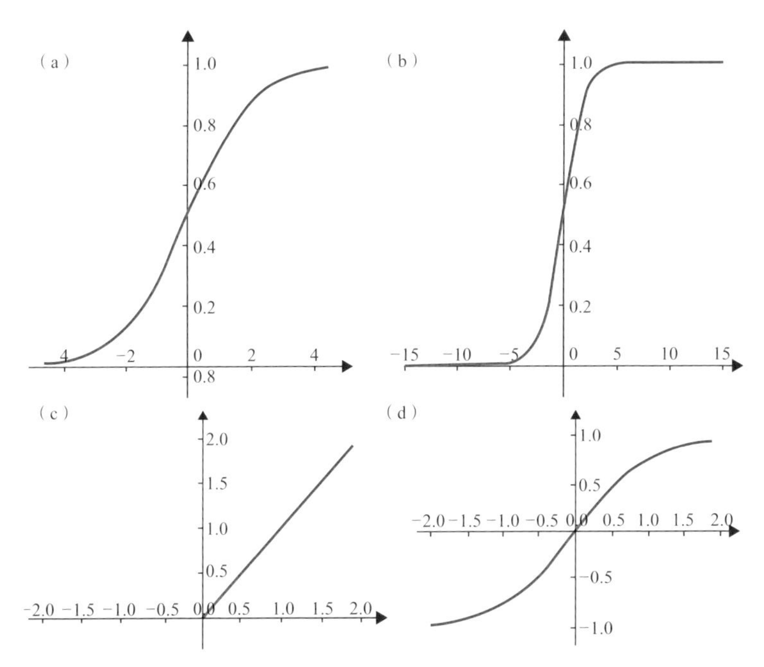

图 2-11 激活函数图形：（a）较小坐标尺度的 Sigmoid 函数；（b）较大坐标尺度的 Sigmoid 函数；（c）ReLU 函数；（d）Tanh 函数

平滑的，如图 2-11（b）所示。其他常用的激活函数还有 ReLU 函数、Tanh 函数等，如图 2-11（c）(d) 所示。

$$s(x)=\frac{1}{1+e^{-x}} \tag{2.7}$$

一个典型的多层神经网络如图 2-12 所示。它由输入层、隐藏层以及输出层组成。图中每个圆表示一个神经元。蓝色的 1 表示偏置输入。图中显示了两个隐藏层。图中的连接非常典型，同一层的神经元之间没有连接，相邻层的所有神经元两两连接（全连接），没有跨层的连接。不同的神经元连接具有不同的权重（如 w_{ij} 表示前一层的第 i 个神经元对后一层的第 j 个神经元的影响权重）。作为示例，图中标出了输入层到第一隐藏层第二个神经元的影响权重，以及处于第一隐藏层内的激活函数。

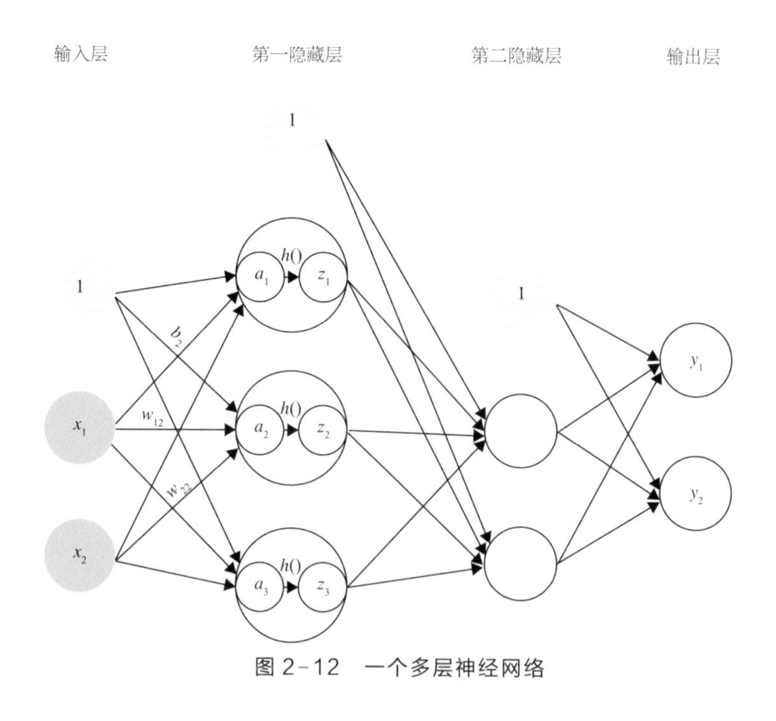

图 2-12　一个多层神经网络

我们以手写数字识别为例，阐释多层感知器（多层神经网络）的结构和作用。下文将采用经典的 MNIST 手写数字数据集作为案例进行介绍，它由美国国家标准与技术研究院（National Institute of Standards and Technology，NIST）提供，采集了 250 个人手写的数字 0 至 9。每个手写数字的图像由 28 × 28 个像素组成，每个像素用灰度表示，取值范围是 [0，255]。整个数据集有 7 万个数字的图像，图 2-13 展示了其中 40 个数字的图像样本。

手写数字识别的任务是：输入一张手写数字的图像，然后识别图像中手写的是哪个数字。你随便写一个数字，识

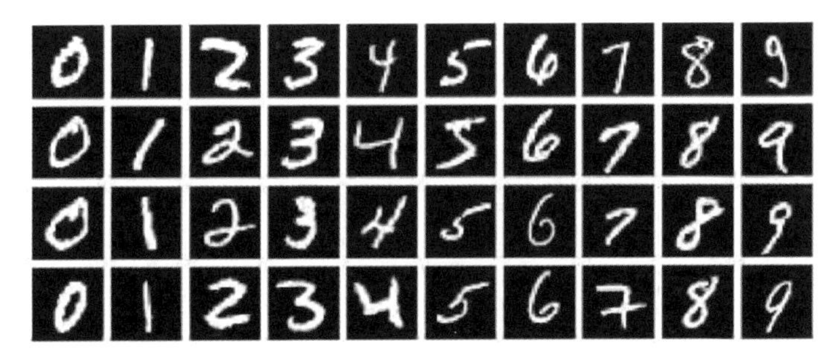

图 2-13　MNIST 手写数字数据集中的若干个样本
图片来源：http://yann.lecun.com/exdb/mnist/.

别程序就会根据这几万个已有数据的共同点，判断你写的是几。由此可以看出，识别程序不会像小时候妈妈教的“1 像一支铅笔，2 像一只鸭子”那样来判断每个数字到底是什么，它只是根据数据集里面已有的几万条记录，判断你写的最接近于哪一个。这个规律是由多层神经网络的隐藏层来实现的，它没有清晰的描述性，也就是说，对隐藏层而言，大家都这么判断，所以结果就这样了，至于原因，说不清楚，也就是说可解释性较差。

图 2-14 描绘了一个识别程序的示意图。图中每个圆圈代表一个神经元。图中的多层神经网络可分为输入层、隐藏层（中间两层）、输出层。图中用不同颜色的线表示上一层各个神经元对下一层各个神经元产生影响的权重：蓝色表示正权重，红色表示负权重，越亮表示权重绝对值越大，越暗表示权重越接近于 0。被激活的神经元被涂成实心。整个识别过程如下：首先，尺寸为 28 × 28 像素的图片被展开成 784 × 1 的一维向量（数组），作为多层感知器的输入；然后，通过两层隐藏层进行特征提取；最后，在输出层通过归一化函数（例如 Softmax 函数）计算“匹配概率”，“匹

配概率”最高的输出神经元的对应标签即为识别值。例如，图中输入的图像被识别成数字 4。

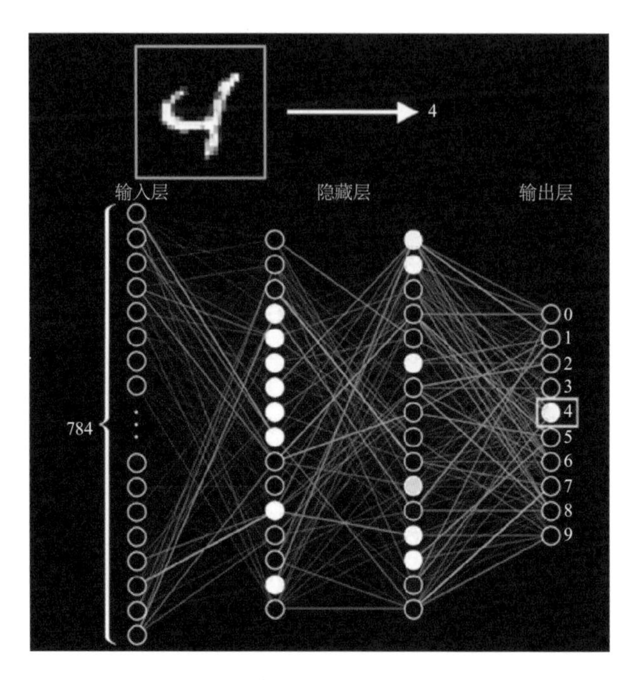

图 2-14　多层感知器识别手写数字

多层神经网络中最重要的参数是各种权重数字，它们是通过喂入大量的数据进行训练而得出的。可先定义一个误差函数来量化正确标签与预测标签间的误差，再执行反向传播过程，并逐次地调整每层神经元之间的连接权重，以不断减小误差函数的取值，最终得到一个用于识别手写数字的模型，这就是我们称之为训练的过程。接着我们可以给这个模型输入之前没见过的手写数字图片，通过训练好的模型计算出对应的数字，这个过程被称为推理。

细心的读者可能会困惑：到底需要几个隐藏层？各隐

藏层需要几个神经元？事实上，隐藏层神经元个数的不同会形成不同的神经网络结构，神经元越多，权重参数也越多，该神经网络的识别能力会越好，当然计算效率也会下降。类似神经元个数这种参数被称为超参数。可以发现，权重参数的总个数是各个相邻层权重参数个数乘积的叠加。通过增加隐藏层的层数，我们就可以减少每层的神经元个数，而权重参数个数可以保持不变或减少。通过让多层神经网络增加更多的层，模型就可以表示更深入的特征，从而用较少的参数表示复杂的函数。层数被称为深度，多层的神经网络也被称为深度网络，基于深度网络的机器学习则被称为深度学习。深度增加意味着神经网络的表达能力增强，可以学习和区分的特征增多，相应地，分类和识别的能力也就增强了。

卷积神经网络

前面介绍的多层感知器中，相邻层的神经元全部连接在一起。这种神经网络也被称为全连接的神经网络，或者说使用了全连接层。一个全连接的深度神经网络可简化为图 2-15，其中 Affine 表示全连接层，ReLU 是激活函数，Softmax 表示输出层，是归一化指数函数。全连接方式最大的问题是数据的“形状”被“忽视”了。例如，手写数字识别中，28 × 28 的二维图像被拉平为 784 × 1 的一维数组作为输入。实际上我们都知道，计算机有个“局部性原理”，图像的每个像素块与其上下左右的相邻像素块之间存在相关性，而与相距较远的像素块之间没有什么关联。例如，数字

“1”的图像中，笔画上方的或下方的像素块很大概率也是属于笔画的；数字“7”的笔画中有一个转折点，实际上这也是图像处理研究中所说的“角点”。但是在全连接神经网络中，这些具有位置关系的784个像素，不管相距远近，全部作为关系平等的输入神经元而存在，相邻关系没有作为信息输入。当然，这种客观的相邻关系在模型后续不断的训练中仍然会自发地形成，但这需要大量的数据集以供训练，而且需要大量的迭代时间，因此极大地影响效率。

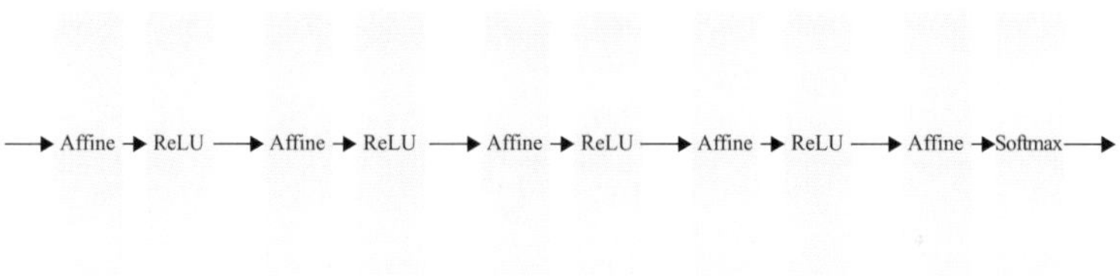

→ Affine → ReLU → Affine → ReLU → Affine → ReLU → Affine → ReLU → Affine → Softmax →

图 2-15　一个全连接的深度神经网络

与全连接的神经网络不同，卷积神经网络（convolutional neural network，CNN）保留了形状特征。当输入数据是图像时，卷积层会以二维数据的形式接收输入数据，并同样以二维数据的形式将其输出至下一层。因此，卷积神经网络可以正确理解图像等具有形状的数据，对于多通道的数据，还可以保留通道这一维度，保留和传播三维的数据形式。卷积神经网络的典型结构如图2-16所示，它的每一层神经元主要多了卷积（Conv）操作和池化（Pooling）操作。

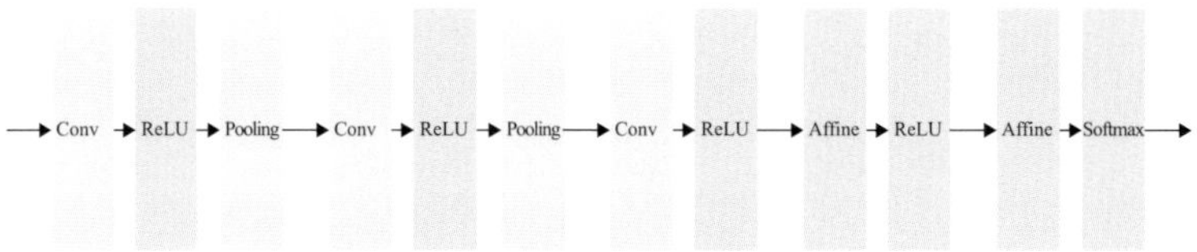

→ Conv → ReLU → Pooling → Conv → ReLU → Pooling → Conv → ReLU → Affine → ReLU → Affine → Softmax →

图 2-16　一个卷积神经网络

卷积操作实际上是一种数学运算，在图像处理领域用于获取图像的某些局部特征。卷积操作最重要的参数就是卷积核。不同的卷积核可以实现不同的功能，例如识别轮廓、角点，从而得到在像素级层面的重要特征信息。例如，通过索贝尔（Sobel）算子（一种卷积核）进行卷积，可以获得图像的轮廓信息。图 2-17 显示了一个水平方向轮廓信息的卷积操作。源图像中某个像素块（图中亮黄色的块，灰度值为 125）及其附近 8 个相邻块（图中标为浅黄色）的灰度值与水平索贝尔算子对应点相乘后相加（计算卷积），即可得到输出矩阵对应位置的值。所有的值构成输出矩阵。其绝对值较大的点就是轮廓点，如图中灰度值为 -111、-121、-115、-83 的点（图中标为浅蓝色）。

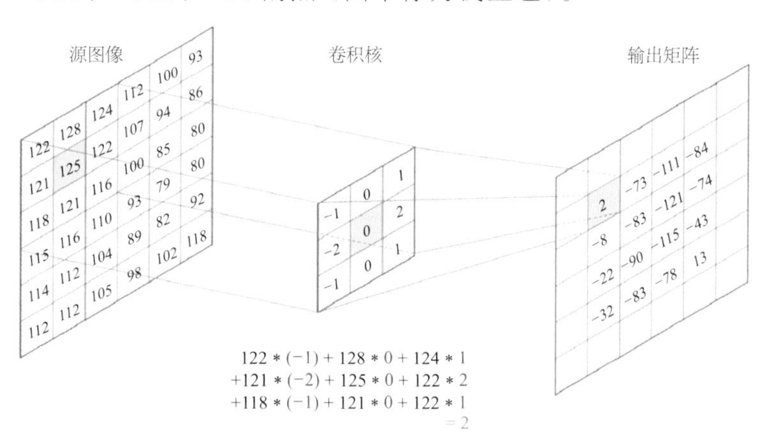

图 2-17 卷积操作

将著名的莱娜（Lena）照片进行水平方向索贝尔算子卷积后的可视化图像如图 2-18 所示，图中像素灰度值取输出矩阵的绝对值。实际上，图 2-17 涉及的图像就取自莱娜照片帽檐右上角附近的一小块。

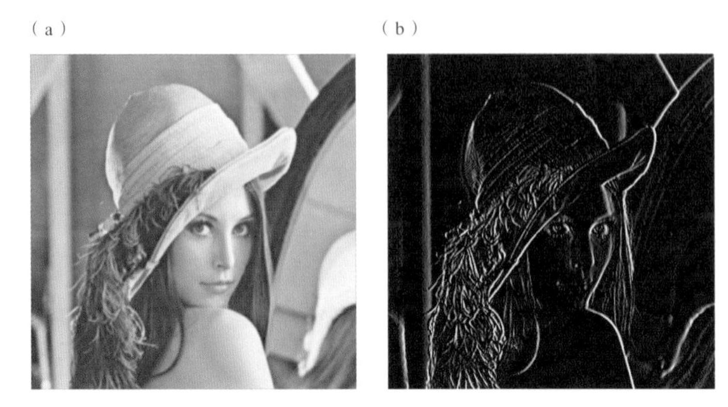

图 2-18 人像照片卷积后的可视化：（a）莱娜照片；（b）水平方向索贝尔卷积后的图像

池化操作是在保留主要特征的基础上，减少图像尺寸的操作。池化是一种不知所云的奇怪译法。作为名词，pool 可以翻译成“池”，但“池”并没有动词的含义。作为动词，pool 是合并使用资源的意思，例如 carpool 是多人坐一辆车，即合乘、拼车的意思，又如，在有些美国高速公路上，最左车道被标记成 carpool 车道，即合乘车道，指示牌会提示，车内需要多于 2 个人才可以走该车道。池化听起来像把某个东西变成一个池。不过池化这个说法在卷积神经网络这一领域已经约定俗成了，所以本书也就沿用了这一译法。

在图像处理中，池化就是指让相邻的像素块挤一挤，“拼”成一个像素块，从而缩小整个图像的尺寸。如图 2-19 所示，上下左右 4 个相邻的像素块合并成了一个新的像素块，新像素块保留了原来 4 个像素块的最大值。这种操作称为最大池化。也有池化采用取平均值的方法。经过池化，一个 4×4 的图像就变成一个 2×2 的图像，尺寸缩小了，但是仍然保留了每个区域的基本特征（例如区域最亮值）。如同我们画星空图，不管尺寸放大缩小，最亮的那些星星应该都还在。

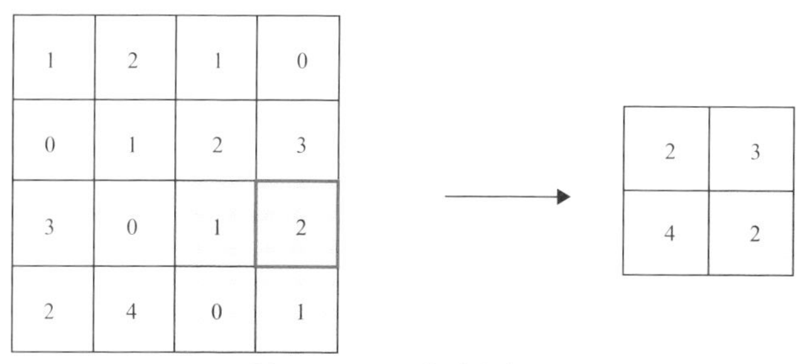

图 2-19　最大池化操作

一个深度卷积神经网络有很多层，一般都会经过多次的卷积和池化。每次卷积提取一个特定的特征，每次池化都使图像尺寸缩小，从而使后续的卷积计算所对应的源图像的范围增大。随着层次加深，提取的信息也越来越抽象，或者说，被激活的神经元越来越抽象。图 2-20 描绘了一个卷积神经网络中各卷积层提取的信息。第 1 层的神经元对边缘或斑块有响应，第 3 层对纹理有响应，第 5 层对物体

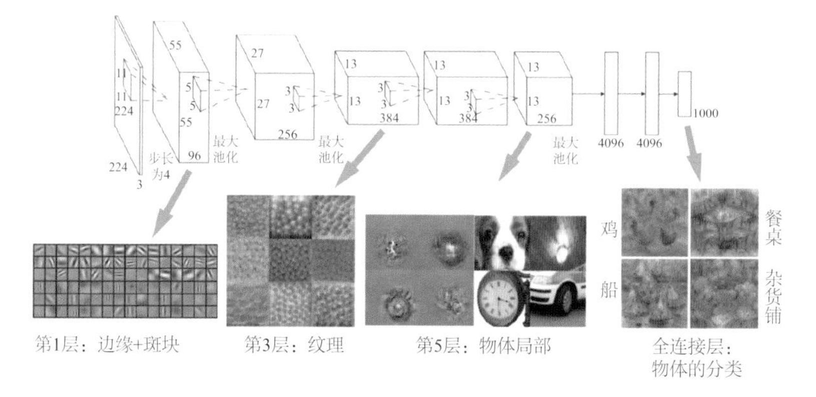

图 2-20　卷积神经网络不同分层的信息提取
图片来源：https://donglaiw.github.io/proj/mneuron/index.html.

局部有响应，最后的全连接层实现对物体的分类。

第三代神经网络

第三代神经网络为脉冲神经网络（spiking neural network，SNN），它使用受生物神经系统启发的脉冲神经元作为基本计算单位。脉冲神经网络中的神经元单元只有在接收或发出脉冲信号时才处于活跃状态，若无事件发生则保持闲置状态。它是事件驱动型的，因此可以节省能耗。

与第一代和第二代神经网络模型相比，脉冲神经网络可以更准确地描述真实的生物神经系统，从而实现高效的信息处理。脉冲神经网络的计算模型如图 2-21 所示，网络的输入和输出均为脉冲序列，这里的脉冲（spike）不是指只有高低两个电平的脉冲（pulse），而是指一段包含波峰和波谷的短时模拟信号，因此脉冲神经网络又被译为尖

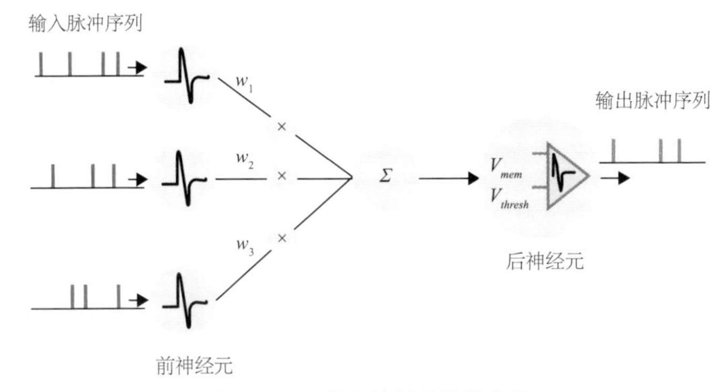

图 2-21　脉冲神经网络神经元

图片来源：ROY K, JAISWAL A, PANDA P，2019. Towards spike-based machine intelligence with neuromorphic computing[J]. Nature, 575(7784): 607-617.

峰神经网络。脉冲神经网络包含前神经元和后神经元。输入的神经脉冲（尖峰）经过前神经元，通过突触权重 w_i 调节，在给定时间内经过点积计算产生合成电流（Σ），该合成电流影响后神经元的膜电位（V_{mem}），在后神经元电位门限（V_{thresh}）的作用下产生输出脉冲序列。

脉冲神经网络受到生物神经系统的启发，拥有高度抽象性和捕捉生物神经元复杂的时间动态特征的能力，成为神经网络的一个新领域，其研究重点是更具生物合理性的神经元模型。由于脉冲神经网络能够捕捉生物神经元的丰富动态，复现和整合不同的信息维度，如时间、频率和相位，因此它提供了一种很有前途的计算范式，并有可能模拟人脑中复杂的信息处理。脉冲神经网络还具有处理大量数据和使用脉冲序列进行信息表示的潜在能力。

相对于第一代和第二代神经网络，脉冲神经网络最大的优势在于其能够充分利用基于时空事件的信息。今天，我们有相当成熟的神经拟态传感器，它可以记录环境的实时动态改变。这些动态数据可以与脉冲神经网络的时间处理能力相结合，实现超低能耗的计算。在后续的章节中我们将对此展开讨论。

三 探秘脉冲神经网络

神经元：智慧的基本单元

作为智力和创造力的源泉，是什么使得人脑如此特殊？如果有人告诉你，人脑里面的某种东西的数量比银河系中恒星的数量还要多，你会不会觉得很惊讶？其实你的脑就是一个小宇宙。除了像海绵一样太低级的动物，几乎所有的动物都有神经系统。神经系统主要由神经组织构成，神经组织是一大群密集的细胞，最常见的细胞类型就是神经元（neuron）。人类的神经系统可能是最有特色的，从写小说、讨论时空穿越，到飞刀杂耍，你所有的思想、动作和情绪，都可以被分解为三个主要的模块：感觉输入、信息整合和运动输出，如图 3-1 所示。

图 3-1　神经系统的三个主要功能

现在，让我们再来深入了解一下组成我们神经系统的基石——神经元。

生物神经元的结构

生物神经元是一种高度特化的细胞，是构成神经系统的基本功能单位。虽然各类神经组织的功能不同，神经元类型存在差异，各种神经元细胞的形态、体积也各不相同，但神经元在结构上相对比较简单，所有神经元细胞都具有相似的结构和基本特性。如图 3-2 所示，一个典型的生物神经元主要包括如下几个部分：①细胞体，这是神经元的核心，负责处理接收到的信号，由细胞核、细胞质和细胞膜等组成；②树突，指从神经元细胞体向外伸出的许多较短的分支，它们充当着神经元的输入端，接收来自其他神经元的神经冲动并将其传递给细胞体；③轴突，指由神经元细胞体向外伸出的一条最长的分支，它是管状纤维组织，充当神经元的输出端，轴突末端有很多神经末梢，它们向外发出神经冲动。此外，在光学显微镜下观察，我们可以看到一个神经元的轴突末端经过多次分支后，每一个小支的末端会膨大呈杯状或球状，这些膨大部分被称为突触小体。这些突触小体可以与多个神经元的细胞体或树突相接

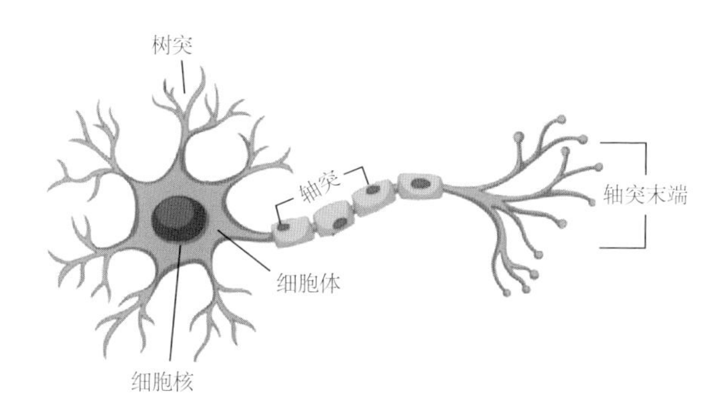

图 3-2 生物神经元结构

图片来源：https://byjus.com/neet/process-of-neural-communication/.

触，形成连接神经元的突触结构。

神经元是人体内寿命最长的细胞之一，基本上和人的寿命是一致的。人体绝大部分神经元的再生能力是很有限的。神经元的代谢率很高，需要稳定充足的葡萄糖和氧气供应，因此，人体每天摄取的能量中大约有 25% 都被大脑的活动消耗掉了。

神经元是如何交流的——动作电位

大家知道，神经传导，或者神经冲动的传导，是电信号的传导。那么到底是什么电信号呢？这就涉及膜电位、静息电位和动作电位的概念。

一般情况下，细胞内外存在一个电位差，这个电位差分布在细胞膜两端，称为膜电位。以枪乌贼为例，在安静未受刺激的状态下，其神经细胞内的电位比外面低 70mV 左右。以细胞膜外侧作为零参考电位，则内侧的电位约为 -70mV，这个电位被称为静息电位。不同物种和神经元类型的静息电位会有一定差别，大多数在 -10mV 到 -100mV 之间。如图 3-3 所示，静息电位是由细胞内外离子浓度的差异引起的。由于离子不能随意地穿越细胞膜，细胞内外离子浓度不同。细胞内的负电荷是由细胞膜对钾离子（K^+）运动比钠离子（Na^+）运动更具渗透性而导致的。神经元细胞内钾离子浓度较高，而细胞外钠离子浓度较高。细胞拥有钾离子和钠离子的渗漏通道，允许两种阳离子进行扩散。然而，神经元的钾离子渗漏通道远多于钠离子渗漏通道。因此，钾离子以比钠离子更快的速度从细胞中扩散出去。因为离开细胞的阳离子多于进入细胞的阳离子，所以细胞内部相对于细胞外部带负电。细胞在安静状态下所保持的膜外带正电、膜内带负电的状态被称为极化。

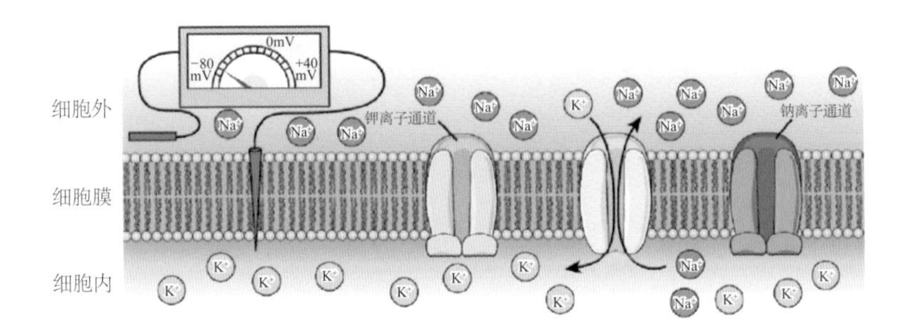

图 3-3　膜电位

一个神经元可以接收来自其他神经元的输入，如果这个输入足够强，就能把信号发送给下游神经元。神经元之间的信号传递通常由一种叫作神经递质的化学物质进行。神经元内信号的传递（从树突到轴突末端）是通过静息电位的短暂逆转进行的，即动作电位。

神经元产生动作电位的传导过程如图 3-4 所示。当来自感觉细胞或另一个神经元的刺激发生时（a 点），神经递质分子与神经元树突上的受体结合，离子通道就会打开。在兴奋性突触中，这种开放允许阳离子进入神经元，并导致膜电位去极化，即神经元内外的电压差减小（*a*-*b* 段）。如果刺激不足，电压差达不到阈电位（-55mV，*b* 点），动作电位不发动，膜电位将恢复到静息电位；如果刺激足够，电压差去极化到其阈电位，轴突小丘中的钠离子通道开放，允许阳离子进入细胞。一旦钠离子通道打开，神经元将完全去极化到动作电位（约 +40mV，*c* 点）。动作电位是一个“全有或全无”的事件，即一旦达到阈电位，神经元总是完全去极化。一旦去极化完成，细胞必须“重置”，进行复极化，其膜电压回到静息电位（*d* 点）。为此，钠离子通道关

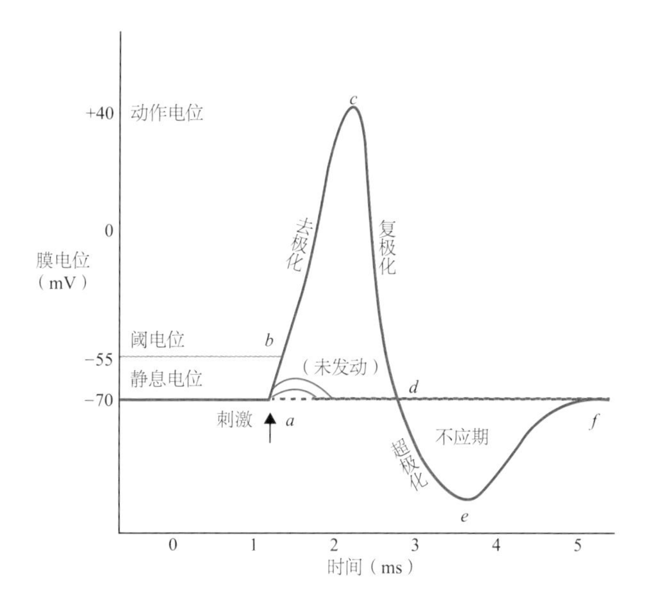

图 3-4　神经元产生动作电位的过程

闭，钠离子无法通过。这就开始了神经元的不应期。在不应期内，神经元不能产生另一个动作电位，因为它的钠离子通道不会开放。同时，电压门控钾离子通道打开，允许钾离子离开细胞。当钾离子离开细胞时，膜电位再次变为负值。钾离子在细胞外的扩散实际上使细胞超极化（*d*–*e* 段），膜电位变得比正常静息电位更低。此时，钠离子通道将恢复到静息电位的备用状态，也就是说，等到膜电位再次超过阈电位，钠离子通道才会再次开放。而多余的钾离子则通过钾离子渗漏通道扩散出细胞，最终使细胞从超极化恢复到静息电位（*f* 点）。

脉冲神经网络中的神经元

针对神经元工作时电位的动态特性，神经生理学家建立了许多模型，它们是构成脉冲神经网络的基石，决定了网络的基础动力学特性。其中影响较大的主要有 HH 模型、Izhikevich（伊日科维奇）模型、LIF（leaky integrate-and-fire，衰减积累激发）神经元模型，它们的计算精度依次降低，但是因为复杂度依次降低，计算效率依次增高。

HH 模型

信息是如何在神经系统中传导的？在 20 世纪前期这是一个困扰很多神经学家的问题。英国剑桥大学生理学家霍奇金与赫胥黎提出的 HH 模型基本解决了这个问题。1939 年，霍奇金就在枪乌贼的巨大神经轴突上测到了静息电位，并探测到了膜电位的突然变化。第二次世界大战结束后，他们运用当时先进的电压钳对枪乌贼的巨大轴突的放电特性进行了实验研究并获得了大量的实验数据。他们对获得的实验数据进行了处理和曲线拟合，以离子通道电流学说最终揭示了神经元的电活动机制，提出了神经信息传导的理论数学模型，即描述神经元动作电位产生和传导机制的HH模型。

HH模型在神经元特性的描述上最接近生物学实际，在计算神经科学领域被广泛使用。它包含神经元所具有的很多要素，例如离子通道、激活、失活以及动作电位。HH模型在离子层面对神经元的电活动进行了解释，神经元细胞膜上包含着不同类型的离子通道，具体包括钠离子通道、钾离子通道以及对少许无机盐离子起控制作用的渗漏通道。不同离子通道上分布着门控蛋白，对通过通道的离子起约束作用，这使得神经元细胞膜对不同的离子有了选择通透性。正是由于神经元细胞膜的这种离子选择通透性，神经元才可以产生丰富的电活动。在数学层面，门控蛋白的约束作用被等效为离子通道电导，离子通道电导作为一个因变量，随离子通道的激活变量与失活变量的变化而变化。细胞外钠离子浓度高于细胞内，钾离子浓度低于细胞内，因此钾离子通过离子通道向外流，钠离子则向内流，这种由离子浓度差导致的电位被称为逆转电位。钠离子和钾离子的逆转电位是不同的。离子通道电导、离子通道逆转电位以及膜电位共同决定离子通道电流；钠离子通道电流、钾离子通道电流、漏电流以及因膜电位变化在膜电容上产生的电流共同组成了一个总电流。因此，HH模型也将细胞膜等效为一个电路图，如图3-5所示，并可得式（3.1）。

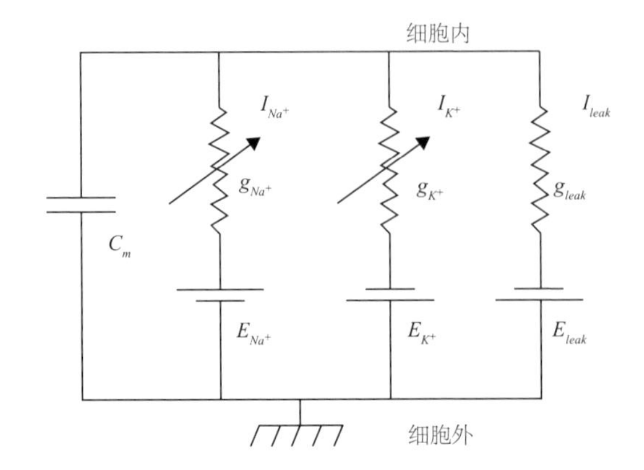

图 3-5 HH 模型的物理等效电路

图片来源：https://www.math.mcgill.ca/gantumur/docs/reps/RyanSicilianoHH.pdf.

$$I_m = C_m \frac{\mathrm{d}V_m}{\mathrm{d}t} + I_{K^+} + I_{Na^+} + I_{leak} \tag{3.1}$$

其中，I_m 为外加刺激电流，C_m 是膜电容，V_m 是膜电压，I_{K^+}、I_{Na^+} 和 I_{leak} 分别是钾离子通道电流、钠离子通道电流和漏电流（其他不重要离子）。

延伸阅读：

霍奇金与赫胥黎的重要贡献在于他们不仅建立了物理等效电路，还通过大量的实验获取了经验数据，并通过数学推算得到了模型的参数。将式（3.1）展开，可得：

$$\begin{aligned} I_m &= C_m \frac{\mathrm{d}V_m}{\mathrm{d}t} + I_{K^+} + I_{Na^+} + I_{leak} \\ &= C_m \frac{\mathrm{d}V_m}{\mathrm{d}t} + \overline{g}_{K^+} n^4 (V_m - E_{K^+}) + \overline{g}_{Na^+} m^3 h (V_m - E_{Na^+}) + \\ &\quad \overline{g}_{leak}(V_m - E_{leak}) \end{aligned} \tag{3.2}$$

其中，$\overline{g}_{K^+}$、$\overline{g}_{Na^+}$和$\overline{g}_{leak}$分别是钾离子通道电流、钠离子通道电流和漏电流的最大电导。E_{K^+}、E_{Na^+}、E_{leak}分别是钾离子通道、钠离子通道、漏电流通道的逆转电位。n是钾离子通道的门控变量，m和h是钠离子通道的门控变量。这里钠离子通道开启的概率是m^3h，而钾离子通道开启的概率是n^4。这些幂次不是基于生理学理论得出的，而是根据数值计算方法上能够较好符合数据的最小幂次得出的。这种基于离子导电性的幂函数法则是霍奇金和赫胥黎大胆假设、小心求证、反复实验比较的成果。n、m和h满足以下约束：

$$\begin{aligned}\frac{\mathrm{d}n}{\mathrm{d}t} &= \alpha_n(V_m)(1-n)-\beta_n(V_m)n \\ \frac{\mathrm{d}n}{\mathrm{d}t} &= \alpha_m(V_m)(1-m)-\beta_m(V_m)m \\ \frac{\mathrm{d}n}{\mathrm{d}t} &= \alpha_h(V_m)(1-h)-\beta_h(V_m)h\end{aligned} \tag{3.3}$$

其中的α系列函数和β系列函数是仅与膜电位有关的速率常数，他们是根据实验数据通过一定的拟合方法推导得出的，具体如下：

$$\begin{aligned}&\alpha_n(V_m)=\frac{0.01(V_m+50)}{1-\exp(-(V_m+50)/10)},\ \beta_n(V_m)=0.125\exp(-(V_m+60)/80)\\ &\alpha_m(V_m)=\frac{0.1(V_m+35)}{1-\exp(-(V_m+35)/10)},\ \beta_m(V_m)=4\exp(-(V_m+60)/18)\\ &\alpha_h(V_m)=0.07\exp(-(V_m+60)/20),\ \beta_h(V_m)=\frac{1}{1+\exp(-(V_m+30)/10)}\end{aligned} \tag{3.4}$$

其他参数拟合求得的结果如表3-1所示（使用不同的拟合方法所得的具体值有细微不同）。

表 3-1 HH 模型参数

	C_m	E_{Na^+}	E_{K^+}	E_{leak}	$\overline{g}_{Na^+}$	$\overline{g}_{K^+}$	$\overline{g}_{leak}$
单位	μF/cm²	mV	mV	mV	mS/cm²	mS/cm²	mS/cm²
数值	0.01	55.17	-72.14	-49.42	1.2	0.36	0.003

数据来源：https://www.math.mcgill.ca/gantumur/docs/reps/RyanSicilianoHH.pdf.

HH 模型能够精确地描绘出膜电位的生物特性，高度还原生物神经元的电生理实验结果，但是在计算领域，其运算复杂，运算量大，难以实现大规模神经网络的实时仿真。

LIF 神经元模型

LIF 神经元模型即衰减积累激发模型，它是对积累激发（integrate-and-fire，IAF）神经元模型的改进。IAF 神经元模型由拉皮克（Louis Lapicque）于 1907 年提出。它对生物神经元的各个功能进行简化，只保留了神经元的基本特性：积累（integrate）和激发（fire）。也就是说，随着输入脉冲的增多，膜电位也相应升高（积累），并在到达一定阈值后输出一个脉冲（激发），之后回到静息电位。显然，功能的简化导致生物性可信度的降低，但是该简化模型由于能很好地进行数学建模和仿真，且保留了一定的神经元工作机制和功能，因此受到了广泛关注。

在 IAF 神经元模型的基础上，LIF 神经元模型加入了“衰减”的特性，即有脉冲输入时，如果输入的脉冲较少或者脉冲经过的突触强度较弱，神经元膜电位获得的电压 / 电流在没有立即接收到其他脉冲时，会慢慢回落，直至回到静息电位。LIF 神经元的膜电位变化过程如图 3-6 所示。

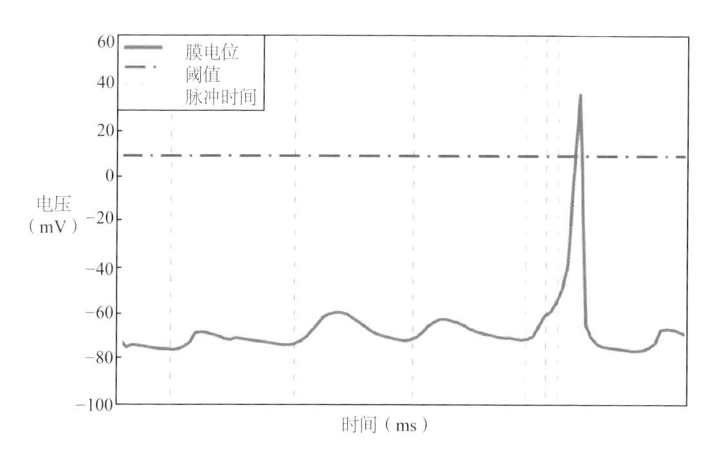

图 3-6 LIF 神经元的膜电位变化过程

图中的纵向虚线代表有脉冲信号输入。当有脉冲输入时，神经元的膜电位会增加（integrate，又称积累）。如果没有后续脉冲输入继续激励，神经元的膜电位会慢慢衰减回落（leak）；反之，当在一定时间内有脉冲再次来临时，神经元的膜电位会继续上升。当一个神经元短时间内接收的脉冲数足够多，激励神经元的膜电压累积超过阈值时，会激发（fire）输出脉冲，然后神经元便会进入不应期，在不应期内，如果脉冲再次来临，神经元的膜电位也不会增加。

延伸阅读：

图 3-7 显示了 LIF 神经元模型的等效物理模型，它是一个由膜电容 C_m 和膜电阻 R_m 组成的电阻电容电路。外部输入电流 $I(t)$ 用作驱动电流，以模拟 LIF 神经元模型中膜电位的动力学变化过程。膜电位 V 保持不变，电池电压 V_{rest} 处于静止状态，没有任何输入电流。当电流进入神经元电路时，支路电流 $I_c(t)$ 为电容器充电，而支路电流 $I_R(t)$ 流经

电阻器使电容器放电。

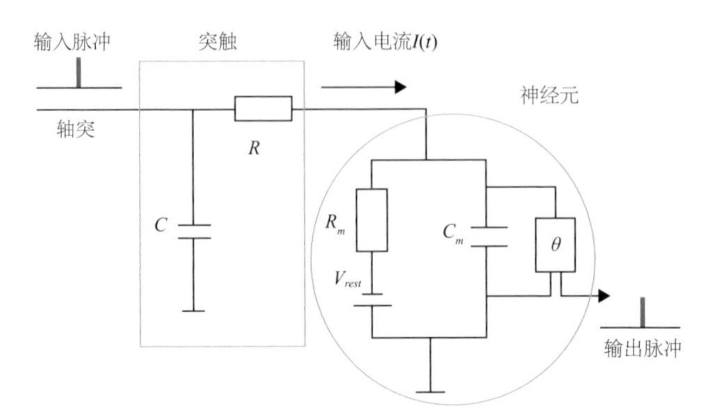

图 3-7　LIF 神经元模型的等效物理模型

LIF 神经元模型的膜电位随输入电流变化的过程以微分方程的形式描述如下：

$$\tau_m \frac{\mathrm{d}V_m(t)}{\mathrm{d}t} - (V_m(t) - V_{rest}) + R_m I(t) \tag{3.5}$$

其中 $\tau_m = C_m R_m$，为膜电位时间常数，膜电位为 $V_m(t)$，输入电流为 $I(t)$，静息电位为 V_{rest}。

LIF 神经元模型可以通过简单地调整其参数（膜电容和膜电阻）来重现多个脉冲模式，因为它在计算复杂性和仿生精度之间取得了很好的折中，因此非常适用于硬件计算。

Izhikevich 模型

HH 模型精确度高，但运算量大。LIF 神经元模型运算量小，但牺牲了精确度。2003 年，尤金·伊日科维奇（Eugene Izhikevich）结合了两者的优势，提出了 Izhikevich 模型，该模型的生物精确性接近 HH 模型，而运算简易度接近 LIF 神经元模型。

延伸阅读：

Izhikevich 模型如式（3.6）所示：

$$\begin{cases} \dfrac{\mathrm{d}V}{\mathrm{d}t} = 0.04V^2 + 5V + 140 - U + I \\ \dfrac{\mathrm{d}U}{\mathrm{d}t} = a(bV - U) \end{cases} \tag{3.6}$$

若神经元膜电位到达脉冲的峰值（如 +30mV），则进行复位，如式（3.7）所示：

$$\begin{cases} V \leftarrow c \\ U \leftarrow U + d \end{cases} \tag{3.7}$$

其中，V 表示膜电位，U 是恢复变量，用来代替生理模型中激活的钾离子电流和失活的钠离子电流，实现对膜电位 V 的负反馈。a 是恢复变量 U 的时间尺度，a 越小，恢复越慢；b 是恢复变量 U 在膜电位 V 的阈值下对随机波动的敏感程度；c 是激发脉冲后 V 的复位值；d 是激发脉冲后 U 的复位偏移值。

因为 Izhikevich 模型既具有 HH 模型的动力学特性，又具有非常高的计算效率，因此它被广泛应用在多个研究中。

突触：学习和记忆发生的地方

如果说神经元是神经系统的基本单位，那么突触，即神经元之间微小的连接，则使得神经元真正成为一个复杂的系统。

“突触”一词来自希腊语，表示“搭扣或连接”，在神经学中指上一个神经元的轴突和下一个神经元的树突的连接点，如图 3-8 所示。当动作电位发送的电信号到达轴突末梢时，信号会遇到突触，在此被翻译或转换成另一种类型的生物化学信号或电信号，传递给下一个神经元。突触的数量也多到令人难以置信，人脑有约 1000 亿个神经元，每个神经元又拥有 1000—10000 个突触，所以你的脑中大约有 100 万亿到 1000 万亿个突触。这数百万亿的突触的每一个都是独立的计算单元，不仅能够同时运行不同的程序，还能够根据神经元的放电模式做出改变和适应，即根据被使用的程度，随着时间变得越来越强，或越来越弱。正是突触，使你能够进行学习和记忆。几乎你经历的每一件事，从兴高采烈、饥饿到渴望都是由你体内独特的“电化学通信系统”发送的信号来进行沟通的。

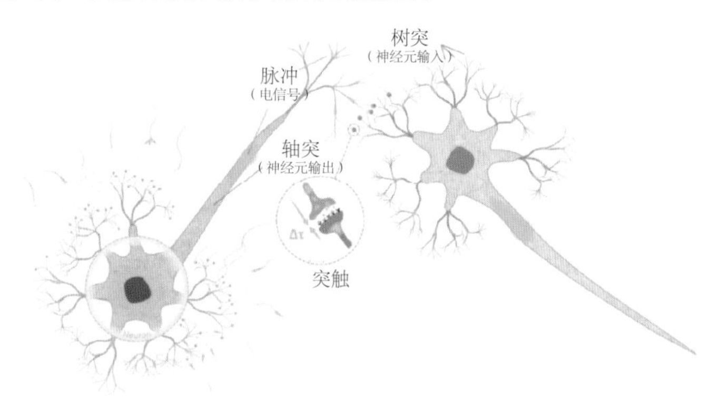

图 3-8　神经元间的交汇处——突触

图片来源：https://phys.org/news/2019-04-neuron-synapse-mimetic-spintronics-devices.html.

突触的分类

神经细胞间的突触可分为两种，一种是电突触，另一种是化学突触。一种神经元细胞只能拥有一种突触类型。

电突触通过神经元之间的缝隙发送离子电流，使其直接从一个神经元的细胞质流向另一个神经元。电突触的传导速度非常快，一个细胞和一个突触可以触发数千个能够同时进行反应的细胞。心脏中的肌肉细胞就是用这种方式沟通的。

化学突触的数量更多，但速度更慢，它们发送信息的位置要更精确，选择性更强。与电突触不同，化学突触通过神经递质（如多巴胺、谷氨酸等），即化学信号，在神经元之间的沟壑中扩散来传递信息。

与电突触相比，化学突触的主要优点是它能够分步骤转换信号，把电信号转换为化学信号，再转换回电信号，从而有很多不同的方法来控制脉冲。在化学突触中，信号可以被修正、放大、抑制或扩散。单个突触包括发送端和接收端两个部分。发送信号的细胞是突触前神经元，信号通过轴突传递到突触前末梢，每个轴突末梢都有一大堆小小的突触小泡，每个突触小泡内都有数千个特定的神经递质分子；接收信号的细胞是突触后神经元，它通过自己的受体接受神经递质，受体通常位于树突或者神经元的细胞体中。两个神经元彼此沟通时并不相互接触，而是通过两个神经元之间相隔距离不到 20nm 的突触间隙来传递信息，如图 3-9 所示。

从技术上讲，化学突触上的信息是通过一整套化学反应来传递的。当动作电位传导到突触前神经元轴突末梢时，电压门控被激活，钙离子通道打开，从而释放钙离子到神

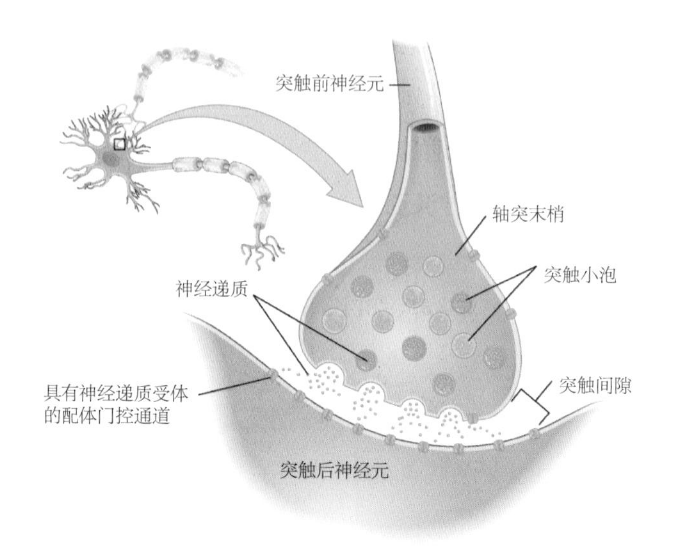

图 3-9 典型的突触结构

图片来源：http://utmadapt.openetext.utoronto.ca/chapter/7-3/.

经元的细胞质中。接着，带正电荷的钙离子流动引起所有这些突触小泡与细胞膜融合，全部的神经递质得以释放。这些神经递质像邮递员一样在神经元之间的沟壑中扩散，与突触后神经元上的受体相结合。突触前神经元把电信号转化为化学信号，一旦神经递质与突触后神经元上的受体结合，信号就由化学信号转换为电信号。

神经递质分为兴奋性神经递质和抑制性神经递质两种类型。兴奋性神经递质会使突触后神经元去极化，通过使细胞内部带更多正电，膜电位更接近动作电位临界值，由此细胞更容易产生动作电位，把信息传递给下一个神经元。与之相反，抑制性神经递质会使突触后神经元超极化，通过使细胞内部带更多负电，把膜电位拉低，使其远离动作电位临界值，此时不仅信息不会被传递下去，这一部分神经元甚至会变得更难以兴奋。一个神经元的任何部位都可能有上百个突触，每个突触都有各种不同的兴奋性或抑制性神经递质，所以突触后神经元产生动作电位的可能性取决于这个区域内所有兴奋性神经递质和抑制性神经递质的总和。

突触的可塑性

意识的物质基础是什么？大脑是以何种方式记忆事件、进行联想、建立事件间的因果联系的？这是长久以来存在于哲学、心理学以及神经科学领域的一个核心问题。随着神经解剖学的发展，人们发现了神经细胞，并意识到它对大脑和神经系统应该有重要作用。神经元通过动作电位的形式来传递神经信号，形成一定的感知和控制。那么，记忆又是如何形成的呢？

早在 19 世纪末，神经科学家们就已经认识到人成年后脑中的神经元数量基本不会再增加，因此，新的记忆不依赖于新增的神经元，或者说记忆并不依附在神经元本身上面，那记忆怎么形成呢？西班牙神经学家圣地亚哥•拉蒙-卡哈尔（Santiago Ramón y Cajal）最早提出记忆可能是由加强现有神经元之间的联系从而提高它们沟通的有效性而形成的。那么，具体怎么实现呢？

1949 年，唐纳德・赫布解释了在学习的过程中脑中的神经元所发生的变化，描述了突触可塑性的基本原理，即突触前神经元向突触后神经元的持续重复的刺激可以导致突触传递效能的增加。当神经元 A 的轴突与神经元 B 很近并参与了对B的重复持续的刺激时，这两个神经元或其中一个便会发生某些生长过程或代谢变化，使得神经元A成为能使神经元B兴奋的细胞之一，其激活效能增强了，这被称为赫布理论。这个理论经常被简要地总结为：一起激发的神经元连在一起。但须注意，神经元A的激发必须在神经元B之先，而不能同时激发。当神经元A反复协助激发神经元B时，神经元A的轴突就会形成与神经元B的细胞体接触的突触结（如果它们已经存在，则会扩大它们）。

赫布理论的生物学机制在之后的研究发现中得到了解释。1966年，挪威神经学家泰耶·勒莫（Terje Lømo）在兔子的海马体中发现：当他对突触前纤维施加高频度刺激时，突触后细胞对这些单脉冲刺激的反应会增强很长一段时间。当这一系列刺激被接受后，后续的单脉冲刺激就会在突触后细胞群中激发增强、延长了的兴奋性突触后电位（excitatory postsynaptic potential，EPSP）。给这种突触前纤维一个短暂的高频刺激后，突触传递效率和强度会增加几倍，且能持续数小时至几天保持这种增强的现象，这后来被称为长时程增强作用（long-term potentiation，LTP）。长时程增强作用的特点与某些形式的学习和记忆的特性较为一致。由于记忆被认为是由突触强度的改变来编码的，长时程增强作用常常被视为构成学习与记忆基础的主要机制。

传统上，长时程增强作用是通过高频突触前刺激或低频刺激与突触后去极化配对诱导的。长期低频刺激也被发现会诱发长时程抑制作用（long-term depression，LTD）。

因此，突触的有效性可以以双向的方式改变。

当从突触前到突触后的弱输入和强输入同时被激活时，激活的时间顺序至关重要。当强输入与弱输入同时激活时（或强输入比弱输入晚 20ms 以内激活时），弱输入的长时程增强作用会被诱发。有趣的是，当时间顺序颠倒时，会诱发长时程抑制作用。图 3-10 显示了关于大鼠视皮质在突触前和突触后脉冲电位重复配对诱导的突触变化的实验情况。横坐标表示突触前脉冲和突触后脉冲的时间间隔，正值说明突触前脉冲的激活早于突触后脉冲。纵坐标表示归一化后的兴奋性突触后电位的斜率，大于 100% 表示增强，小于 100% 表示抑制。图 3-10 中每个圆圈符号代表一次实验结果，而曲线则是这些实验数据的单指数最小二乘拟合。如图 3-10 所示，在几十毫秒的时间窗内，当突触前脉冲先

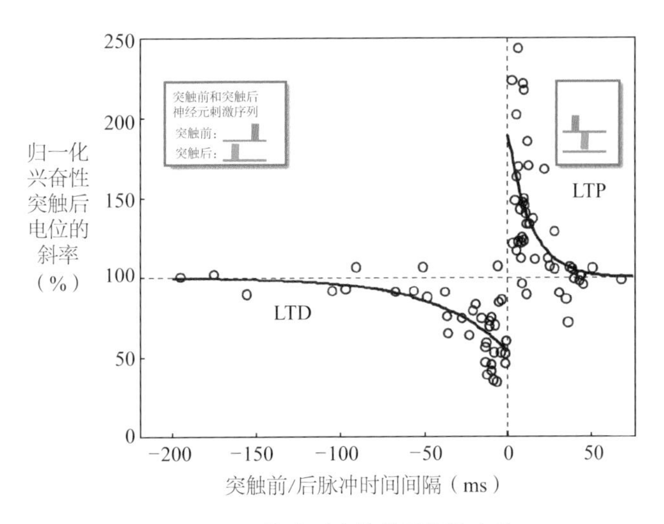

图 3-10　脉冲时序依赖可塑性实验

图片来源：DAN Y, POO M M, 2006. Spike Timing-Dependent Plasticity: From Synapse to Perception[J]. Physiological Reviews, 86(3): 1033-1048.

于突触后脉冲（图 3-10 右侧）时，导致长时程增强作用，而相反顺序的脉冲时序导致长时程抑制作用。这种形式的活动依赖性长时程增强作用 / 长时程抑制作用现在被称为突触的脉冲时序依赖可塑性（STDP）。

突触的计算模型

在神经网络结构上，大量不同神经元的轴突末梢可以到达同一个神经元的树突并形成大量突触，这些不同来源的突触所释放的神经递质都可以对同一个神经元的膜电位变化产生作用。因此，在树突结构上神经元可以对不同来源的输入信息进行整合，这就是神经元对信息的空间整合特性。

此外，对于来自同一个突触的脉冲信息，神经元可以对不同时间输入的信息进行整合，故神经元对信息有时间整合特性。

神经元在内外刺激下产生一系列动作电位，这一系列动作电位被称为脉冲序列（spike train）。接收到脉冲序列后，当前神经元细胞体将根据上一层神经元发放脉冲的时间信息和空间信息的累加（脉冲发放的时间和突触连接权重），对信息进行整合，并产生新的脉冲序列进行输出，如图 3-11（a）所示。

我们用突触后电流模拟突触计算模型。将连接接收神经元的所有突触权重值累加可以得到突触后电流。而突触后电流由电导和膜电位计算而来：

$$I_{syn}(t)=g_{syn}(t)\cdot(V(t)-E_{syn}) \tag{3.8}$$

如果突触是兴奋型的，则 E_{syn}=−75mV；如果突触是抑制型的，则 $E_{syn}=0$。而电导 g_{syn} 与权重 w 有关，并且在收到脉冲时增强，而后慢慢衰减，以模拟神经递质以一定的速度脱离神经元通道的过程。综上，多输入模型的突触后电流如式（3.9）所示，模型如图 3-11（b）所示。

$$I_{syn}(t)\sum_{j=1}^{N}=w_j\cdot s_j(t)\cdot(V(t)-\mathrm{E}_j) \tag{3.9}$$

其中，衰减因子计算模型如式（3.10）所示。

$$s(t)=te^{-t/\tau_s} \tag{3.10}$$

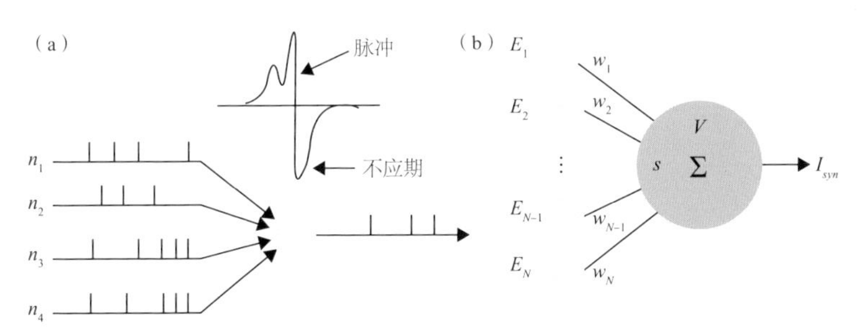

图 3-11 脉冲序列与突触计算模型：
（a）脉冲序列；（b）突触计算模型

脉冲神经网络结构

在传统的人工神经网络中，两个神经元之间只有一个突触连接。而在脉冲神经网络中，两个神经元之间可以有多个突触连接，如图 3-12 所示。每个突触具有不同的延迟和可修改的连接权重。多突触的不同延迟使得突触前神经元输入的脉冲能够在更长的时间范围内对突触后神经元的脉冲发放产生影响。突触前神经元传递的多个脉冲再根据突触连接权重的大小生成不同的突触后电位。

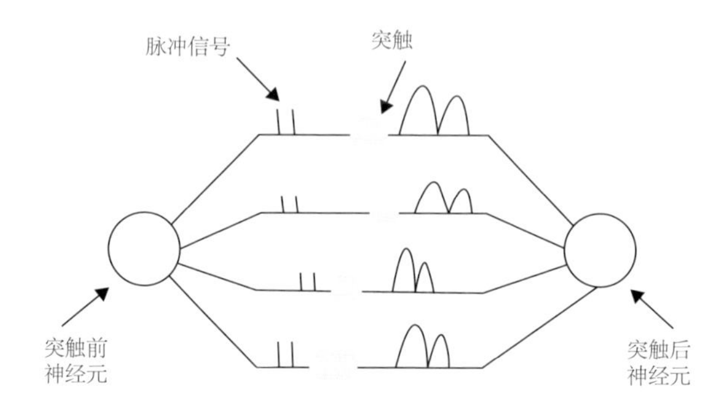

图 3-12　脉冲神经网络中神经元之间的突触连接

单个神经元的功能很简单，要想实现像人类神经系统一样各种复杂的功能，我们就需要把它们连接起来。人脑的连接非常复杂，但在人工智能领域，我们一般把神经网络按拓扑结构分为三种类型，它们分别是前馈脉冲神经网络（feed-forward SNN）、递归脉冲神经网络（recurrent SNN）和混合脉冲神经网络（hybrid SNN）。

前馈脉冲神经网络

如图 3-13 所示，在前馈脉冲神经网络结构中，神经元是分层排列的，每个神经元只与相邻层的神经元相连接。第一层是包含多个输入神经元的输入层，接收来自神经元上游的信号输入，不同的脉冲信号对应具体问题的输入数据。中间的隐藏层对输入层的数据进行进一步处理，最后一层是输出层，该层神经元输出的脉冲序列被作为整个网络的输出。输入层和输出层之间可以有多个隐藏层。

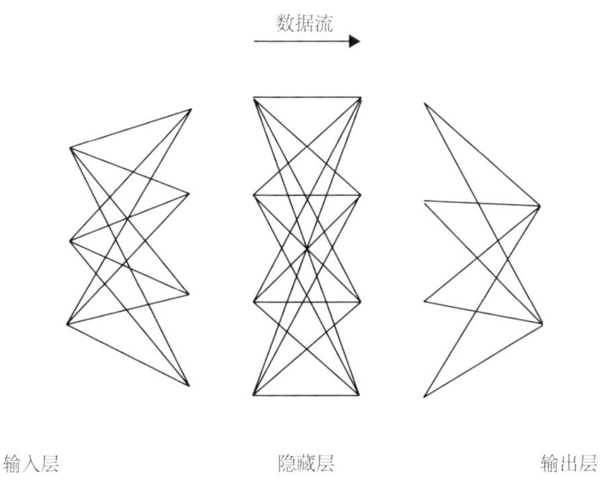

图 3-13 前馈脉冲神经网络结构

通常还可把连接着的两层神经元看作一个层，因为对于神经网络的学习来说，训练神经元间的连接权重是最主要的内容，由此，可以将只含有输入层和输出层的神经网络称为单层脉冲神经网络。图 3-14 展示了包含多个输出神经元的单层脉冲神经网络结构，在输入层神经元和输出层神经元之间仅包含一层连接权重。单层脉冲神经网络结构简单，易于构造学习算法，目前已有较多的基于单层网络

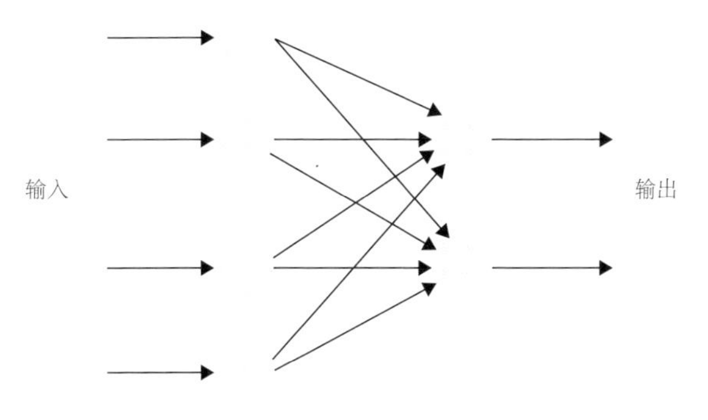

图 3-14 单层脉冲神经网络结构

结构的脉冲神经网络监督学习算法，并且被成功应用于时空模式识别等领域。

递归脉冲神经网络

前馈脉冲神经网络能够完成单向的信号传递，但是当前面层的神经元节点需要后面层的神经元信息时，前馈脉冲神经网络就鞭长莫及了，递归脉冲神经网络的出现解决了这个问题。递归脉冲神经网络的结构中具有反馈回路，即网络中神经元的输出是之前时间步长上神经元输入的递归函数。递归脉冲神经网络可以模拟时间序列，用来完成控制、预测等任务，这种反馈机制使它能够表现更为复杂的时变系统，但也使有效学习算法的设计及其收敛性分析变得更为困难。

在传统递归人工神经网络中有两种经典学习算法，分别是实时递归学习算法和随时间演化的反向传播算法。它们都递归地计算梯度，很多基于梯度的算法都是这两种规范算法的变形。在权重批处理更新的情况下，实时递归学习算法与随时间演化的反向传播算法是等价的，即它们生成的是相同的权重改变量。

递归脉冲神经网络的信息编码及反馈机制不同于传统递归人工神经网络，其学习算法的构建及动力学分析较为困难。递归脉冲神经网络可用于诸多复杂问题的求解，如语言建模、手写体识别以及语音识别等。递归脉冲神经网络的结构形式有多种，基本可分为全局递归脉冲神经网络和局部递归脉冲神经网络两大类。由于这两类网络在结构上存在差异，其学习算法的构建以及表现出的动态变化性能并不相同。

全局递归脉冲神经网络通常为单层网络，如图 3-15 所示。每个神经元之间有反馈连接（虚线箭头）。对于全局递归脉冲神经网络，主要研究方向为神经元的群体活性理论及密度方程。在脉冲神经元群体中，每个神经元处于不同的活动中，并且神经元的内部状态分布按照一定的函数随时间演化。群体活性理论的研究目的在于分析大规模脉冲神经网络的动态特性，以及网络参数对脉冲神经元脉冲发放和神经网络整体性能的影响。

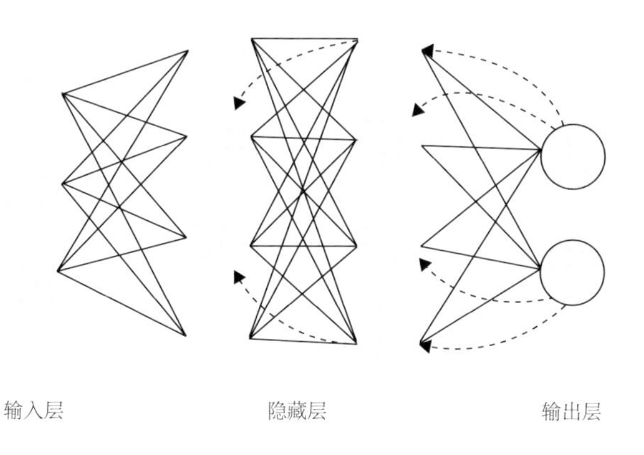

图 3-15 全局递归脉冲神经网络结构

全局递归脉冲神经网络具有丰富的动态行为，但是其网络结构复杂，难以分析和训练。而在生物神经系统中，神经元之间的连接通常表现为稀疏的递归结构，即神经微回路（neural microcircuit）。因此，在实际应用中，往往需要简化全局递归脉冲神经网络的结构。通常的简化方法是在多层前馈脉冲神经网络中引入反馈连接，这样得到的网络被称为局部递归脉冲神经网络。局部递归脉冲神经网络的结构特点是以前馈连接为主，同时又包含一组反馈连接。

根据反馈连接方式的不同，局部递归脉冲神经网络又分为具有外部反馈的递归脉冲神经网络和具有内部反馈的递归脉冲神经网络。具有外部反馈的递归脉冲神经网络如图 3-16 所示，这种典型的递归神经网络被称为 Jordan 网络。该网络包括输入层、隐藏层和输出层，其中输出层神经元和隐藏层神经元之间有反馈连接。因此，网络中隐藏层的输入既包括来自输入层的脉冲序列，又包含来自输出层的反馈脉冲信号。

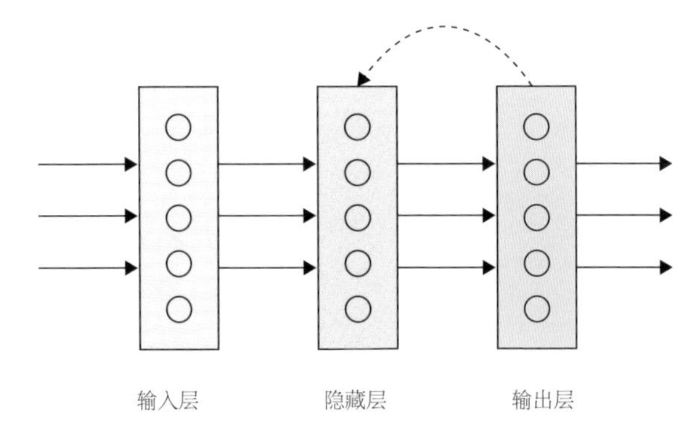

图 3-16　具有外部反馈的递归脉冲神经网络结构

具有内部反馈的递归脉冲神经网络采用图 3-17 所示的局部递归方式，隐藏层内部神经元包含侧向的递归连接。在该网络中，隐藏层的输出不仅前向输入输出层，而且被反馈到隐藏层本身。这种典型的递归神经网络结构被称为 Elman 网络，它通过隐藏层的内部自反馈，把系统的动态直接包含于网络结构中。该网络的反馈连接规定了网络的内部状态和记忆形式，使其输出不仅依赖于当前的输入，也与过去的输出有关，使部分反馈网络具有了动态记忆的能力。这种结构的递归网络近年来已引起人们的广泛重视，在图像识别、手写识别、复杂系统的建模、时间序列分析中得到了广泛应用。

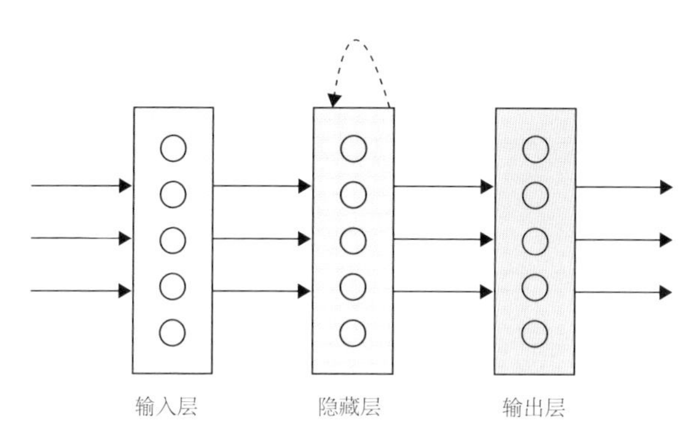

图 3-17 具有内部反馈的递归脉冲神经网络结构

混合脉冲神经网络

混合脉冲神经网络既包括前馈型结构，也包括递归型结构。

拓扑结构描述了脉冲神经网络中神经元和突触的连接方式以及相互作用。脉冲神经网络在选择具体的拓扑结构时主要考虑两个因素：生物行为性和现有的学习算法。生物行为性主要涉及对人脑运行机制的仿真，即根据脑内部神经元的连接方式连接各个神经元，以期了解脑疾病的形成原因和脑的工作机制。学习算法型拓扑结构根据现有的或待验证的学习算法，按照一定的方式连接神经元，以达到改进和验证学习算法的目的。

学习算法：脉冲神经网络如何变得更聪明

“学习”一直以来是人工智能领域的核心问题。多数生物和人工系统在最初仅有部分能力，随着时间的推移，它们可以通过学习和其他形式的适应过程获得新的能力并完善已有的能力。宏观层面上，心理学和机器学习等相关的理论提供了理性主体如何学习的解释；微观层面上，神经科学提供了脑内变化作为学习结果的描述。为了通过生物可解释的方式来建立人工神经系统，科学家借助于神经科学实验来达到预期的目的。基于脉冲神经网络的学习算法的研究，对于通过理论模型去验证生物神经系统的信息处理和学习机制是十分必要的。人脑的学习过程可以理解为突触连接的强度随时间变化的过程，这种能力也被称为突触可塑性（synaptic plasticity）。模拟人脑的脉冲神经网络的学习方式主要包括无监督学习、监督学习和强化学习等。

脉冲神经网络的无监督学习

无监督学习（unsupervised learning）在人类和动物的学习中占据主导地位，人们通过自己的观察能够发现世界的内在逻辑和结构，而不需要被告知每一个客观事物的名称，或者说标签。脉冲神经网络无监督学习算法的设计主要针对无标签数据的学习，要求脉冲神经网络通过无监督学习规则对网络中的连接权重或结构进行自适应调整。也就是说，在没有正确的标签进行反馈的情况下，脉冲神经网络必须自己从输入数据中发现规律性（如统计特征、相关性或类别等）来实现分类或决策。相对来说，无监督学习是一个存在更多困难的任务。由于没有人的指导，也就是数据未被标注，模型需要自己从数据中找出规律。因为模型发掘数据隐藏的规律需要足够的信息，所以无监督学习通常需要大量的数据。鉴于实际问题中的无标签数据比标签数据多得多，无监督学习在神经网络中具有非常大的潜力，但是目前还没有找到很合适的无监督学习算法。无监督学习在未来存在巨大的研究空间。

当我们从生物学角度看人体时会发现，人脑不断地调节神经元之间的连接强度，通过接受外部刺激来达到学习和记忆的目的。此外，信息存储和检索是发生在神经元的突触中的。脉冲神经元模拟生物神经元的学习模式，并根据不同的脉冲分布模式来动态学习突触的权重。作为无监督学习的典型代表，STDP（脉冲时序依赖可塑性）学习规则在没有目标约束的情况下，会自发地学习输入信息的内在特征，寻找数据的规律，并且只需要较少的样本信息。但是，STDP 学习规则的迭代速度比较慢，在神经网络训练时所表现出的速度和精度也不高。

脉冲神经网络的监督学习

监督学习（supervised learning）是指通过有标签的训练数据来推断其功能的机器学习任务。将 supervise 翻译成“监督”也不完全恰当。这里的 supervise 并不是中文语境中常用的“上级监督下级”“媒体监督政府”等中的“监督”的含义，而与研究生导师（supervisor）的工作类似——订立一个目标，然后为研究生提供目标是否达成的反馈，但并不像中小学老师一样直接告诉学生一个答案。

由于神经网络的监督学习比无监督学习具有更高的准确率，目前实际应用中更多采用的是监督学习算法。脑科学等相关领域已有证据证实人脑中的确存在监督式的学习或基于指令的学习。监督学习的一种形式是以指令信号为基础，这些信号在学习时通过感觉反馈或其他神经元集合提供。然而，在脑科学领域，如今尚不清楚在脑中进行监督学习的确切机制。

对于传统的人工神经网络而言，监督学习的目的就是通过调整权重参数，使神经网络的输出接近监督标签。学习过程中，神经网络必须将输出与监督标签的误差高效地反馈给前面的层，再进行权重等参数的调整。神经网络的学习分为下面四个步骤：

①选取样本。从训练数据中随机选择一部分数据（mini-batch）。

②计算梯度。计算损失函数关于各个权重参数的梯度，通常采用误差反向传播法。

③更新参数。将权重参数沿梯度方向进行微小的更新。

④重复。重复步骤①—③，直到结果满足要求。

与传统的人工神经网络不同，脉冲神经网络接受给定的多个输入脉冲序列和多个目标脉冲序列，寻找网络中合适的突触权重矩阵，使神经元的输出脉冲序列与对应的目标脉冲序列尽可能接近，即两者的误差值最小。对于脉冲神经网络来说，神经信息以脉冲序列的形式表示，神经元内部状态变量及损失函数不再具备连续可微的性质，所以构建有效的脉冲神经网络监督学习算法有很大的难度，这也是该领域的一个重要研究方向。

脉冲神经网络监督学习的研究越来越受到关注，近年来出现了较多的监督学习算法。了解相关算法的框架和分类是了解监督学习的有效途径。我们可以将脉冲神经网络监督学习的主要流程归纳成如下的五步，读者可以参考图 3-18 中的框架来辅助理解。

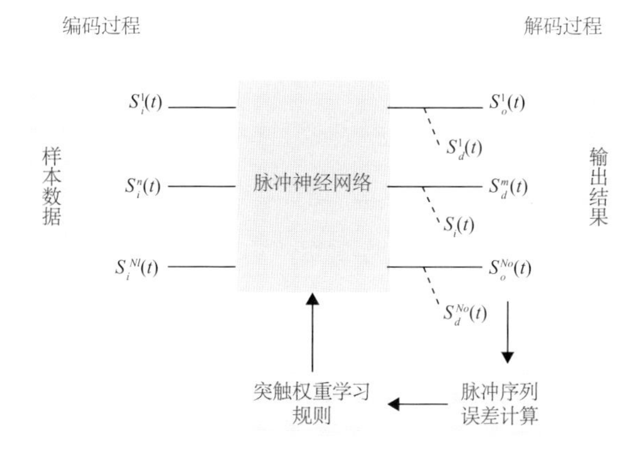

图 3-18　脉冲神经网络监督学习的基本框架

①选择神经信号编码方式，利用它将输入或输出信息转换成脉冲序列。

② 选择合适的神经元模型和神经网络模型，构建模型训练的策略，并将编码后的样本数据作为输入脉冲序列进

行模拟。

③ 构建误差函数，计算输出序列和目标序列之间的误差。

④ 构建突触权重学习规则，根据误差函数对权重进行调整。

⑤判断是否满足最小误差或者是否迭代到一定的次数，如果满足则停止运行，否则继续训练。

监督学习根据算法思想的不同，主要可以分为以下三类：

①运用梯度下降规则的监督学习。这种学习算法根据误差函数和反向传播来进行学习规则的推导。但该方法要求必须将神经元模型状态变量写成表达式形式，主要采用IAF神经元模型或SRM模型等阈值固定的线性神经元模型。典型代表有SpikeProp算法、Multi-SpikeProp算法和Tempotron算法等。

② 运用突触可塑性的监督学习。这种学习算法的基本思想是结合STDP规则来设计脉冲神经网络的监督学习算法，因此具有较强的生物可解释性。典型代表有监督的Hebb学习算法、ReSuMe算法和SWAT算法等。

③ 运用脉冲序列卷积的监督学习。这种学习算法的基本思想是使用卷积核函数将不可微分的脉冲序列转换为连续值，再通过输出序列和目标序列的内积差异构造监督学习算法，以实现对时空特征的学习。典型代表有使用线性代数的卷积方法、SPAN算法和PSD算法等。

为了对多个监督学习算法进行比较，我们考查以下四个方面：

①是否具备脉冲序列学习的能力。在脉冲神经网络的监督学习中，有些算法可以实现对多个脉冲的学习，也就是能够对脉冲发放的时间序列进行学习；而有些算法只能对单个脉冲编码的时间信息进行学习。所以在一般的情况下，脉冲序列学习算法具有更广泛的普适性。

② 是否支持在线学习。离线学习的方式是指模型需要在所有的数据输入之后，再进行全局的学习，之后再进行更新，且一次性完成对权重的更新。所以，离线学习是一种静态的学习算法，它仅仅对不会改变的数据库适用。在线学习则是指对输入数据流进行学习，也就是说，训练数据在不断改变，而模型权重随之更新。脉冲神经网络的主要优势在于对时空数据的处理能力，而且应用场景多是开放性的、动态的，因此，对于这种实时数据处理的场景，在线学习更加有效。

③ 学习规则是否具有局部性。如果学习规则具有局部性，这表示权重的更新不依赖于全局，仅由突触前/后神经元的脉冲序列决定。局部性意味着算法具有较强的拓展能力，且不随网络结构和大小而改变，有大规模模拟能力。这种方法还能在并行硬件系统上实现，提高其计算效率。

④ 网络结构的复杂度如何。神经网络有多种结构，例如单层、多层、递归等。越复杂的网络结构对复杂问题的求解能力越强，但这也意味着就这种网络结构实现相应的

监督学习算法更难。

脉冲神经网络的强化学习

强化学习（reinforcement learning）受到动物学习行为的启发，是指一种计算系统，即智能体（agent）以“试错”（trial and error）的方式进行学习，通过与环境进行交互获得奖赏，从而反馈指导行为的算法。强化学习的目标是使智能体获得最大的奖赏。

强化学习不同于监督学习，强化学习中由环境提供的强化信号是对智能体行动效果好坏的一种评价（通常为标量信号），它没有直接的“导师”指导信息。由于外部环境提供的信息很少，智能体必须靠自身的经历进行学习，在“行动－评价”的环境中获得知识，改进行动方案以适应环境。强化学习的指导信息往往是在最终结果揭晓后（最后一个状态出现后）才给出的。这就引发了一个问题，即获得正回报或者负回报以后如何将回报分配给前面的状态。

脉冲神经网络中的智能体需要通过与环境的不断交互来进行学习，最终应用强化学习实现对环境的内部表示，以实现自适应的智能行为，如图 3-19 所示。由于智能体对实际问题求解的不同需求，研究者们给出了较多的脉冲神经网络的强化学习算法。有研究者提出了一种脉冲神经网络的强化学习算法，它通过网络中的神经元发放泊松分布的脉冲序列，并通过奖赏信号对脉冲的不规则发放进行扰动分析，进而调整神经元脉冲发放的频率。还有研究者进一步结合生物神经元的 STDP 规则，提出了具有更高学习效率的脉冲神经网络强化学习算法。强化学习规则假设强化信号在网络中弥散分布（diffuse distribution），突触权重的变化既与奖赏信号相关，又依赖于突触前和突触后神经元发放的脉冲序列。

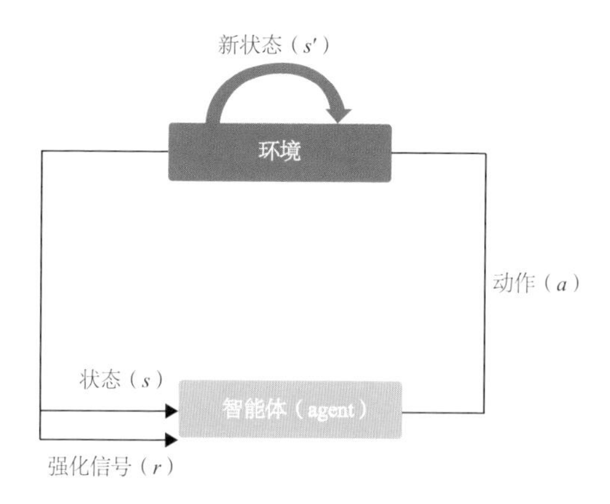

图 3-19 强化学习模型

四　类脑计算的实现

一个计算机系统主要包括硬件和软件。类脑计算可以用软件在现有计算机上进行模拟来实现。然而，要达到更高的效率，用硬件直接实现是更好的方法。目前已有大量研究者设计出专用芯片来实现类脑计算。幸运的是，研究者预测并发现了新的具有类脑计算所需的电气响应特性的电子器件，以实现器件级的类脑计算。通过软硬件协同的方法，类脑计算的实现则可以在软件的灵活性和硬件的高效率之间取得平衡。软件、软硬件协同、芯片以及器件等，形成了类脑计算实现的不同层级，如图 4-1 所示。本章将先分别介绍器件层面、芯片层面以及软件层面的实现，再讨论综合软硬件实现优点的软硬件协同实现。

图 4-1　类脑计算的实现层次

器件层面的实现——忆阻器

忆阻器的原理和发现

如前所述，人脑中约有 10^{11} 个神经元和 10^{14} 个突触。突触是神经元间发生信息传递的关键部位，是人脑认知行为的基本单元，因此研制类突触器件对于类脑计算而言具有重要意义。近年来，类脑神经拟态器件正在成为人工智能和神经拟态领域的一个重要分支，将为今后人工智能的发展注入新的活力。人脑能够以超低功耗处理大量信息，这得益于人脑中神经突触的可塑性，若能利用纳米尺寸的人造器件来模拟生物突触，人造神经网络乃至人造脑都有望实现。

一般来说，具有记忆功能的器件都可作为突触器件。所谓的记忆功能，是指材料的光、电、力、热等性能会在外界刺激下产生变化，而且该变化在刺激结束后能够保持且容易被测量。为了实现可逆，这些记忆一般还可以通过反向的刺激消除。在电学方面，主要的类突触器件是忆阻器。

早在1971年，加州大学伯克利分校的蔡少棠教授就发现电压、电荷、电流和磁通之间有着密切联系，其两两关系可以用人类已知的电阻、电容和电感三种基本无源器件表达出来。根据电子学原理，他预测，除了这三种器件之外，应当还存在第四种基本器件，以表示磁通与电荷的关系，如图4-2所示。这种器件被称作忆阻器。忆阻器具有电阻的量纲，但和电阻不同的是，忆阻器的阻值由流经它的电荷决定。也就是说，如果让电荷从一个方向流过，电阻会增加；如果让电荷从反方向流过，电阻就会减小。因此，通过测量忆阻器的阻值，便可知道流经它的电荷量，或者说，忆阻器可以记忆流经它的电荷量。简单地说，这种器件在任一时刻的电阻都是时间的函数——显示多少电荷向前或向后经过了它。

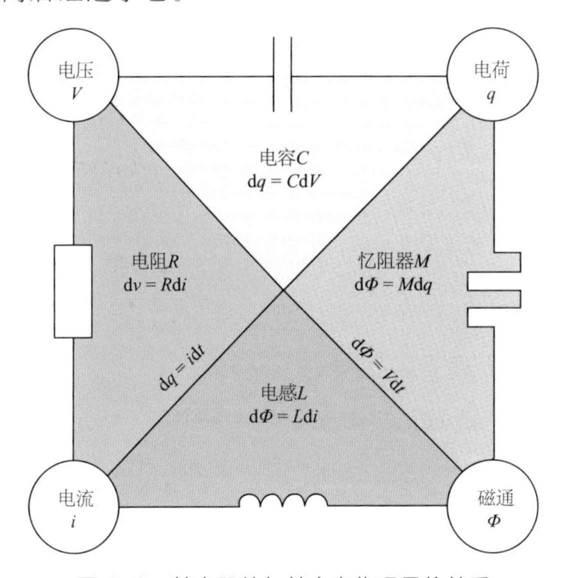

图4-2 基本器件与基本电物理量的关系

忆阻器的研究进展

忆阻器的概念是蔡教授基于数学模型进行天才推演得到的。当时人们并没有找到什么本身就有明显的忆阻器效果的材料，因此这个想法渐渐沉寂。直到37年后的2008年，美国惠普实验室在二氧化钛（TiO_2）器件中物理验证了蔡少棠提出的忆阻器概念，相关研究才开始蓬勃发展。美国密歇根大学于2010年在忆阻器中实现了突触可塑性仿脑功能，掀起了类突触器件及计算研究的高潮。美国麻省大学阿默斯特分校研制出扩散型忆阻器，构建了全忆阻硬件神经网络，探索了忆阻神经网络在完成图像识别、图像压缩和步态识别等任务中的应用。德国亚琛工业大学深入研究了忆阻器中的电化学机制和导电通道演化过程，提出了忆阻器时序布尔逻辑的实现方法。美国加州大学圣芭芭拉分校则用硬件构建了忆阻多层感知器网络，探索了其离线学习和在线学习的性能表现。清华大学研制了上千忆阻器集成阵列，并将其用于人脸识别，它有望发展为人工智能硬件系统中的图像信息识别模块。华中科技大学基于钙钛矿材料的二阶忆阻器实现了生物突触中的三相STDP规则，以用于更加复杂的模式识别和轨迹追踪。南京大学基于离子导电介质实现了类树突多端器件及耐高温、高稳定性二维材料忆阻器，后者被认为有望实现高柔性类脑芯片。中国科学院微电子研究所研制了三维集成的阻变式存储器（RRAM）集成阵列，被认为有望实现三维类脑芯片。

目前，国际上忆阻器的应用方向主要有两个，一个是存储类应用，比如嵌入式存储；另一个是计算类应用，比如类脑计算。目前的忆阻器件阵列规模较小，还远远不能满足实际应用的需要。如何进一步扩大忆阻器的集成规模是基于忆阻器的类脑计算能够真正走向应用的难点之一。要解决这个问题，需要在忆阻器的材料、器件和集成技术上取得突破。经过近十年的研究，目前的主流忆阻器材料是二氧化铪（HfO_2）和五氧化二钽（Ta_2O_5），这是因为它们与主流芯片制造工艺互补金属氧化物半导体（CMOS）工艺兼容，且报道的基于这两种材料的器件性能优良。除此之外，钙钛矿类材料，如钛酸锶（$SrTiO_3$），虽然含有较多元素，且难以与CMOS工艺兼容，但其缺陷化学理论较为完善，经常被用来作为研究忆阻器物理机制的模型材料。硫属化合物材料，如锗锑碲（$Ge_2Sb_2Te_5$）和银铟锑碲（AgInSbTe），是常见的相变材料，在相变存储器中有较广的应用。未来忆阻器的发展将重点围绕应用需求展开，并在这个前提下，主要从器件、电路、架构和算法四个层面逐步推进，通过它们之间的协同研究和发展解决目前忆阻器存在的问题。

忆阻器因能够模拟生物突触行为，有望模拟重建生物神经网络并实现神经拟态类脑计算，已在类脑计算及其硬件化领域引起广泛关注。现阶段国际上的研究者对忆阻材料的研究主要集中于利用忆阻器替代神经网络中的权重参数，以实现神经网络硬件化方面。目前利用忆阻器模拟生物突触并完全模拟生物大脑皮质的工作还未实现，这主要是由于目前研究者还未掌握模拟生物脑进行学习和识别的具体算法。研究生物脑运行算法，并构建相应的神经网络，最终利用忆阻器将神经网络硬件化，将成为未来类人智能的一个重要研究方向。

受生物神经元和突触机制启发，忆阻器设备被组织成交叉点阵列，以实现大规模并行的内存计算并提高电源效率。如图 4-3 所示，水平方向的纵横交叉类似于不同神经元的轴突（输出）或树突（输入），而突触（连接交叉点）处用忆阻器实现。

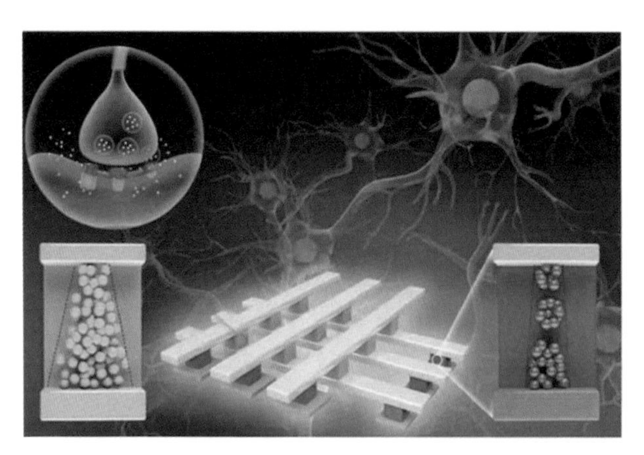

图 4-3　忆阻器交叉点阵列仿真突触连接

示例：多阵列忆阻器存算一体系统

2020 年 1 月，《自然》（*Nature*）杂志在线发表了清华大学钱鹤、吴华强团队的成果，报告了一款多阵列忆阻器存算一体系统，它在处理卷积神经网络（CNN）时的能效比当前的图形处理器（GPU）芯片高两个数量级。

该系统基于忆阻器阵列芯片实现卷积网络的完整硬件过程。该阵列芯片集成了 8 个包含 2048 个忆阻器的阵列，并构建了一个五层的卷积神经网络以进行图像识别，精度高达 96% 以上。该阵列芯片以忆阻器替代经典计算机底层的晶体管，以更小的功耗和更低的硬件成本大幅提升计算设备的算力，在一定程度上突破了传统冯诺依曼计算框架的瓶颈。基于多个忆阻器阵列的存算一体化计算架构如图 4-4 所示，它具有 8 个忆阻器处理单元和其他功能块。

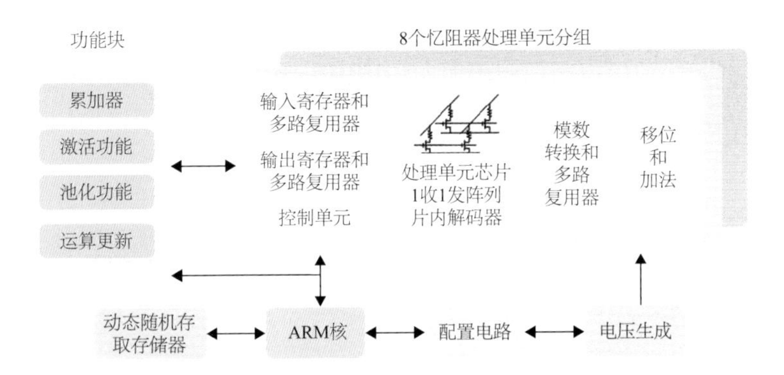

图 4-4　基于多个忆阻器阵列的存算一体化计算架构

图片来源：YAO P, WU H Q, GAO B, et al., 2020. Fully hardware-implemented memristor convolutional neural network[J].Nature, 577(7792): 641-646.

图 4-5 是基于多个忆阻器阵列实现的存算一体化开发板实物图。左边是开发板的照片，右边是部分处理单元芯片的图像（由 2048 个忆阻器阵列和片上解码器电路组成）。

纳米尺寸忆阻器电阻可通过电场连续调节并保持，被认为是最有希望模拟生物突触的信息电子器件。高性能的忆阻器需要基于特殊设计的纳米忆阻材料构建，其通过控制电子或者离子来改变忆阻材料的电阻。目前，通过控制离子实现忆阻功能的技术发展迅速，该技术主要通过控制氧离子或者金属离子，使其在忆阻材料基体中形成导电丝，从而实现电阻的连续调节。

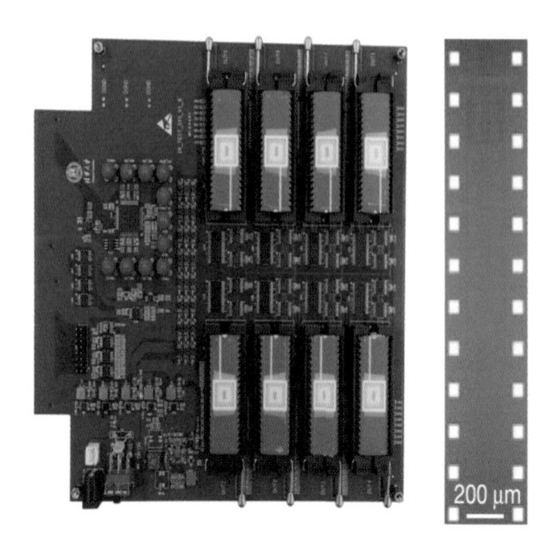

图 4-5　基于多个忆阻器阵列实现的存算一体化开发板

图片来源：YAO P, WU H Q, GAO B, et al., 2020. Fully hardware-implemented memristor convolutional neural network[J]. Nature, 577(7792): 641-646.

信息大爆炸时代对相关器件存储能力的要求急速提高，小尺寸多值非易失存储器可广泛服务于军事和民用领域，对它的开发符合国家重大需求。开发忆阻材料和器件是实现小尺寸多值非易失存储器的最佳方式。降低能耗、提高效率是信息处理芯片的最终发展方向，类脑芯片具有低功耗、高效率的先天优势，会成为未来信息处理芯片的最终选择，具有巨大的市场前景。忆阻材料和器件是构建类脑芯片的基础，加大对其科技投入具有重要现实意义。

芯片层面的实现——专用集成电路（ASIC）芯片

在类脑计算的萌芽阶段，只有少量科研机构在探索类脑芯片。经过一番摸索与钻研后，科学家们展示出这些极具潜力的类似于人脑的计算模型的实力。这之后，不少著名的科技公司和高校研究机构将目光投向类脑芯片的开发。

TrueNorth

2014 年，IBM 公司发布了 TrueNorth 类脑芯片。每个 TrueNorth 芯片拥有 4096 个计算内核，可以实现神经突触和神经元排列的动态映射。向深处看，每个计算内核最多可将 1024 个轴突电路用于输入连接，从而包含 256 个 IAF 神经元。TrueNorth 芯片仅为邮票大小，重量只有几克，却集成了 54 亿个硅晶体管，内置了 100 万个神经元、2.56 亿个突触，它的能力相当于一台超级计算机，功耗却仅需约 70mW。TrueNorth 芯片的结构、功能、物理形态如图 4-6 所示。

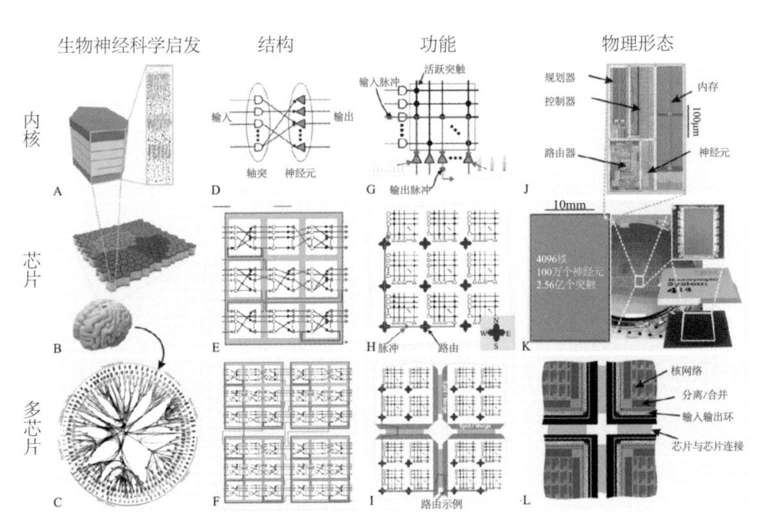

图 4-6 TrueNorth 芯片的结构、功能、物理形态

同时推出的TrueNorth神经突触计算机由4块主板组成，每块主板装载16个芯片，构成一个64芯片阵列，能安装到标准的4U服务器中。这个新的超级计算机由6400万个神经元和160亿个突触组成，而耗电量却小于10W。一块主板的照片如图4-7所示。

图4-7 搭载了16块TrueNorth芯片的主板

SpiNNaker

英国曼彻斯特大学的SpiNNaker是欧盟“人脑计划”的标志性项目成果之一。它是一台拥有50万个处理器内核的超级计算机。如图4-8所示，左边5个机柜每个安装了120个48节点的主板，每个节点有18个内核。

项目负责人史蒂夫·弗伯（Steve Furber）的名字大家可能比较陌生，但他的另一项成就则著名得多：他是ARM处理器的主要设计者。

SpiNNaker与传统的超级计算机有明显区别：SpiNNaker中的处理器采用小整数内核，初始目标指向移动和嵌入式应用，而非传统超级计算机。SpiNNaker采用类脑的通信结构，被优化用于沿着静态配置多播路径发送大量非常小的数据包（每个包通常只传送一个神经脉冲）到多个目的地，而不像一般超级计算机那样使用具有动态路由的大型点到点数据包。这些特征说明 SpiNNaker 不是一种通用计算机，而是一种专门的神经计算机。

图 4-8　装载 50 万个内核的 SpiNNaker 超级计算机

图片来源：FURBER S, 2016. Large-scale neuromorphic computing systems[J]. Joural of Neural Engineering, 13: 051001.

BrainScaleS

德国海德堡大学负责的 BrainScaleS 是欧盟“人脑计划”的另一个类脑计算平台项目成果。BrainScaleS 是使用晶圆级集成技术开发的混合信号类脑芯片。BrainScaleS 系统实物如图 4-9 所示，它一共由 7 个机架组成，其中 5 个是主体部分，这 5 个机架中的每一个均含 4 个神经晶圆模块，另外 2 个机架安装了电源和一个常规控制计算集群。

BrainScaleS 系统的核心是神经晶圆模块，其最大的特色是其中未切割的晶圆，它由混合信号专用集成电路

（application specific integrated circuit，ASIC）制成，名为高输入计数模拟神经网络芯片（High Input Count Analog Neural Network，HICANN）。它提供了一个高度可配置的基板，可以在物理层面模拟自适应脉冲神经元和动态突触。这一集成电路模型的内在时间常数比生物模型电路的内在时间常数低几个数量级。因此，与生物模型电路实时响应相比，该硬件模型可以加速 10^3 到 10^5 倍（精确值取决于系统的配置）。而且，该硬件模型中突触传输的能量消耗比经典的人工神经元网络要低几个数量级，也就是说，能量消耗也大大降低了。

图 4-9　BrainScaleS 系统

图 4-10 是 BrainScaleS 系统结构的简化示意图。每个神经晶圆模块包含一个未切割的晶圆，它由 384 个可互连的 HICANN 芯片组成，每个 HICANN 芯片包含超过 114688 个可编程动态突触和最多 512 个神经元，每个晶圆

总共产生大约4400万个突触和最多196608个神经元。神经元的确切数目取决于基质的结构，基质允许组合多个神经元构建块以增加每个细胞的输入计数。

系统设置了通信现场可编程门阵列（FPGA）用来配置和操作。每个通信FPGA连接到晶圆上的一个专用区域，该区域包含8个HICANN芯片。该FPGA-HICANN链路用于配置HICANN芯片以及在晶圆上的神经电路之间传输脉冲事件。晶圆上神经元之间的脉冲通信是通过晶圆上的总线式网络来实现的。该系统采用的神经元模型是AdEx（adaptive exponential，自适应指数）IAF神经元模型，其精确度和运算复杂性介于HH模型和LIF神经元模型之间。系统在网络结构和神经元参数方面提供了高度的可配置性：每个神经元均可配置AdEx神经元参数；突触提供4位分辨率的权重和STDP功能；连接拓扑可配置。

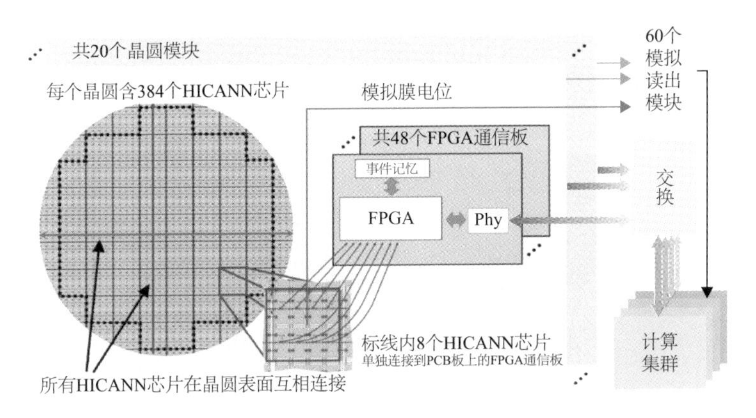

图4-10　BrainScaleS系统结构简化示意图
图片来源：https://electronicvisions.github.io/hbp-sp9-guidebook/pm/pm_hardware_configuration.html.

Neurogrid

美国斯坦福大学开发的Neurogrid芯片中的神经核由256×256的互补金属氧化物半导体（CMOS）阵列构成，能够以相当于数百万个神经元和数十亿个突触的能力提供生物学上合理的计算。Neurogrid芯片使用模拟计算来模拟离子通道活动，同时使用数字通信来对突触进行软连接。它们分别以并行和串行的方式运行。模拟通信限制了可以模拟的不同离子通道的数量，而数字通信可以运行更大的模拟，只是需要更长的时间。与此同时，数字通信限制了每秒可激活的突触连接的数量，而模拟通信只是将额外的输入加到同一根电线上。在这些限制条件下，Neurogrid通过做出明智的选择，实现实时模拟多个皮质区域的目标。

图4-11显示了一个包含16个芯片的Neurogrid主板，旁边的光盘提示了主板的尺寸。这16个芯片成树形结构布局。每个核心芯片（如1号芯片）可连接一个父芯片（如0

图4-11　Neurogrid主板

号芯片）和两个子芯片（如 3 号芯片和 4 号芯片）。0 号芯片和叶子节点上的芯片可以通过扩展槽连接上级或下级主板。

Loihi

Loihi 是英特尔在 2018 年发布的一种神经拟态研究测试芯片，它使用异步脉冲神经网络实现自适应、自修正事件驱动的细粒度并行计算，用于高效地实现学习和推理。Loihi 是一座夏威夷海底火山的名字，这个命名寄托了英特尔对新型类脑计算的期望——有朝一日终将浮出水面。

该芯片由 128 个神经拟态内核组成的多核网格、三个 Lakemont x86 核（Quark）和一个片外通信接口组成。该接口允许芯片在四个平面方向上扩展到许多其他芯片上。芯片本身实现了 128 个神经拟态内核的完全异步多核网格。在该芯片的脉冲神经网络中，在任何给定的时间，一个或多个神经元都可以通过突触向其邻居发送脉冲。所有的神经元都有一个局部状态，它们有自己的规则，这些规则会影响它们的进化和脉冲产生的时间。交互是完全异步的、偶发的，并且独立于网络上的任何其他神经元。

英特尔也开发了一系列基于 Loihi 芯片的开发板，用来构建更大的系统。图 4-12 显示了一个代号为 Nahuku 的开发板，它双面各有 16 个芯片，形成了两个 4 × 4 网格。该板共有 32 个芯片、4096 个神经拟态内核、4194304 个神经元和 41.6 亿个突触。该板与一个标准的“超级主机”CPU 进行通信，该 CPU 可用于向该板和芯片本身的管理核心发送命令。

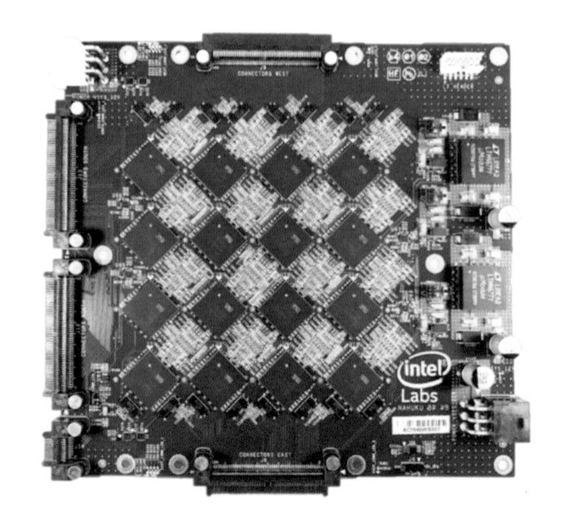

图 4–12　基于 Loihi 芯片的 Nahuku 开发板

图片来源：https://en.wikichip.org/wiki/intel/loihi.

据报道，2020 年，英特尔将 768 个 Loihi 芯片组装成拥有约 1 亿个神经元的超级类脑计算系统，这超过了仓鼠的脑神经元总数（约 9000 万）。

“天机芯”

清华大学类脑计算研究中心提出了符合脑科学基本规律的新型类脑计算架构——“天机芯”类脑计算芯片架构，该架构综合了计算机科学和神经科学两个领域的方法，这种异构融合的模型，有利于发挥二者各自的优势。

第一代“天机芯”于 2015 年成功流片，该芯片首次将人工神经网络（这里指第二代神经网络）和脉冲神经网络进行异构融合，同时兼顾技术成熟并被广泛应用的深度学习模型与未来具有巨大前景的计算神经科学模型。第二代“天机芯”的相关成果发表于 2019 年 8 月的《自然》杂志，并成为其封面文章。第二代“天机芯”的优点是高速度、高性能、低功耗。相比于当时世界先进的IBM的TrueNorth芯片，其密度提升20%，速度提高至少10倍，带宽提高至少100倍，功能更全，灵活性和扩展性更好。

“天机芯”的内核由树突、突触、细胞体以及路由等部分组成。图4-13显示了“天机芯”的内核模块、芯片和开发板的关系，某一块测试版包含5×5个芯片，而每块芯片有12×13个内核阵列。

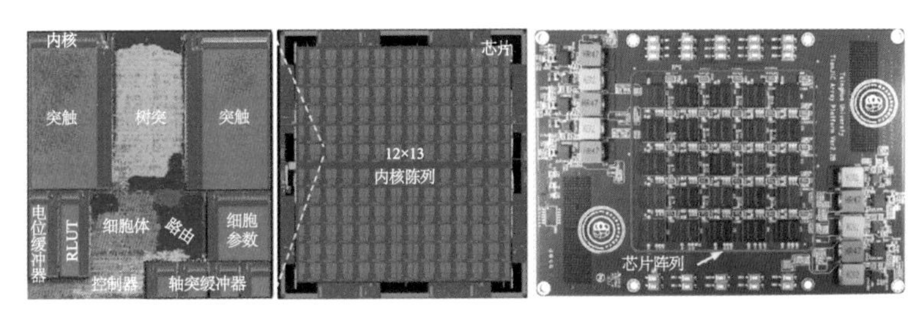

图4-13 “天机芯”的内核模块、芯片和开发板的关系

图片来源：PEI J, DENG L, SONG S, et al., 2019. Towards artificial general intelligence with hybrid Tianjic chip architecture[J].Nature, 572(7767): 106-111.

“达尔文”

浙江大学牵头成功研制“达尔文”神经拟态类脑系列芯片。“达尔文”采用LIF神经元模型，比传统神经网络具有更强的生物真实性。2015年发布的“达尔文”一代芯片是国内首款神经拟态类脑芯片。2019年8月发布的“达尔文”二代芯片，如图4-14所示，主要面向智慧物联网应用。单芯片由576个内核组成，支持约15万个神经元、1000万个神经突触，在神经元数目上与果蝇相当。“达尔文”通过芯片级的联系可构建千万级神经系统，达到类似

TrueNorth 芯片的规模，但可模拟比 TrueNorth 芯片更高精度的突触。该芯片也是国内当时已知的单芯片神经元规模最大的脉冲神经网络类脑芯片。用该芯片构建的类脑计算机（见图 4-15）使用了 792 个“达尔文”二代芯片，支持约 1.2 亿个神经元、近千亿个神经突触，与小鼠脑神经元数量规模相当，而典型运行功耗只需要 350W—500W。它也是当时国际上神经元规模最大的类脑计算机。

图 4-14　“达尔文”二代芯片及开发板

图 4-15　基于“达尔文”二代芯片的亿级神经元类脑计算机

据介绍，目前该类脑计算机已经实现了多种智能任务，例如，将类脑计算机作为智能中枢，实现抗洪抢险场景下多个机器人的协同工作；模拟多个不同脑区，仿真遇到不同频率闪动的视觉刺激时该脑区神经元的周期性反应；等等。该类脑计算机还借鉴海马体的神经环路结构和神经机制构建了学习–记忆融合模型，实现了对音乐、诗词、谜语等的时序记忆功能。除此之外，该类脑计算机还实现了脑电信号的稳态视觉诱发电位实时解码，支持通过“意念”进行打字输入。

软件层面的实现——NEST

硬件实现的方法，不管在器件层面，还是在芯片层面，都具有高速度、高性能、低功耗等优点。但是，类脑计算领域目前没有形成如同 PC 机时代的英特尔或者手机时代的 ARM 那样的主流芯片，不同硬件之间难以兼容，因此下游开发者开发相关的硬件比较困难，学习成本也较高。因此，在现阶段，软件层面的实现为研究者提供了更灵活的手段。

目前，类脑计算领域的相关研究仍处在探索阶段，为软件开发人员提供一套完整的类脑计算框架则显得尤为重要，而类脑计算框架近几年层出不穷，如 Brian、PCSIM、NEURON、NEST 等。Brian 和 PCSIM 使用纯 Python 编写。NEURON 的底层代码使用 hoc（一种类 C 语言），顶层代码使用 Python，虽然也支持多节点，但是在大规模多节点上性能并不如NEST。NEST的内核使用C++编写，以便获得更高的性能；用户界面使用SLI（simulation language interpreter，仿真语言解释器）编写，顶层用Python编写，以便神经科学和计算神经科学家快速上手。本节介绍NEST如何定义和模拟网络模型，如何使用多核或计算机集群并行运行模拟，以及如何随机化模型的各个部分。

NEST简介

NEST是一种脉冲神经网络仿真器，它更注重于整个神经网络系统的结构、动态、大小，而不仅仅是单个神经元的电学特性或确切形态。NEST由吉瓦尔提格（M. O. Gewaltig）和迪斯曼（M. Diesmann）等人创立，旨在为计算神经科学家和脑科学家提供一个开源的、可自定义的研究平台，促进科学家之间的交流。

NEST可以用于仿真生物脑的视觉、听觉、可塑性机制、学习规则、网络活动等，也可以用于人工智能方面的脉冲神经网络仿真，如图像识别、图片分类、语音识别、机器人等。NEST可以在计算机内部真实地呈现生物神经网络电生理学实验。NEST提供多种神经元模型，如HH模型、LIF神经元模型、Izhikevich模型等。在突触的实现方面，NEST提供静态突触和具有学习功能的可塑性突触。神经科学家也可以根据自己的意愿，设置神经元或突触参数来仿真特定的模型和网络。

NEST是点神经元网络的模拟器，即NEST将树突、轴突和神经元细胞的形态结构（几何结构）简化成单个或少量部件的神经元模型。这种简化对于描述具有复杂连接的大型神经元网络的动态问题是有用的。

NEST的开发始于1994年，旨在使用IAF神经元模型研究大型大脑皮质的动力学。当时可用的模拟器是NEURON和GENESIS，它们都专注于形态学上详细的神经元模型模拟，通常使用微观重建的数据。

从那时起，模拟器一直在不断发展。2001年，神经模拟技术联盟成立，旨在传播神经模拟技术的知识。成员机构对模拟大型脉冲神经网络的算法进行了持续研究，已经取得了许多有影响力的成果。该联盟所开发的算法和技术不仅在NEST中实现，还被应用到其他模拟项目中，其中最著名的项目成果是神经元模拟器（用于蓝脑项目）和IBM的C2模拟器。如今，大型脉冲神经网络模拟器越来越多，但NEST仍然是拥有最大开发社区的最成熟的模拟器。

NEST由三个主要组件组成。

节点。节点指所有的神经元、设备和子网络。节点具有随时间变化的动态状态，并且可能受到传入事件的影响。设备主要用于刺激神经元并测量其膜电位。

事件。事件是特定类型的信息片段。最常见的事件是脉冲事件。其他事件类型包括电压事件和电流事件。

连接。连接是节点之间的通信通道。只有当一个节点连接到另一个节点时，它们才能交换事件。连接是有权重的、有方向的，并且与一种事件类型绑定。有方向是指事件只能朝一个方向流动。发送事件的节点被称为源节点，接收事件的节点被称为目标节点。权重确定事件对目标节点的影响程度。延迟确定事件从源移动到目标所需要的时间。

NEST 的运行机制

利用 NEST 脉冲神经网络仿真器可实现 50 种以上的神经元模型和 10 种以上的突触模型。NEST 脉冲神经网络仿真器的用户层采用 Python 代码，这样用户可以直接通过编写 Python 代码进行网络设计而不需要理解底层框架的运行机制。这样对非计算机专业的神经科学家来说上手难度降低很多。当运行 Python 代码时，仿真器内部的 SLI 接口会将控制信息传递给 NEST 内核，运行机制如图 4-16 所示。

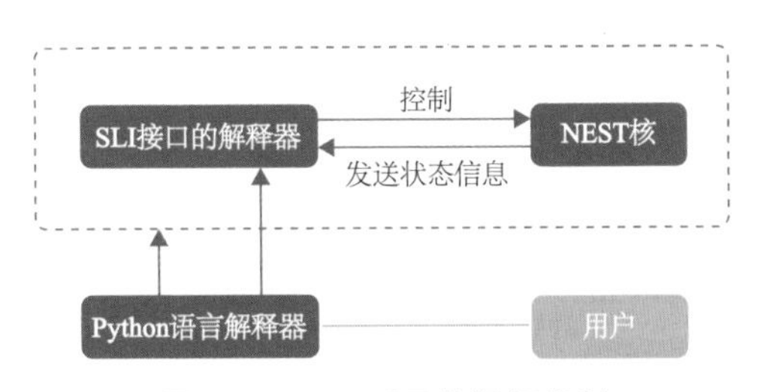

图 4-16　NEST 的运行机制

NEST 中的计算模式包含时间驱动型和事件驱动型。神经元计算模式可以采用时间驱动型，即在每一个仿真时间步长中都会进行神经元计算。突触计算模式可以采用事件驱动型，即只有事件发生时或者说产生脉冲之后才会进行权重的更新。除此之外，NEST 还存在最小延迟机制，其基本原理就是在每个最小延迟内，神经元的更新并不会对其他神经元产生任何影响，只有在所有神经元更新结束后才会通过突触将累计的脉冲发送到目标神经元。如图 4-17 所示，其中，dmin 为最小延迟，若脉冲神经网络仿真精度为

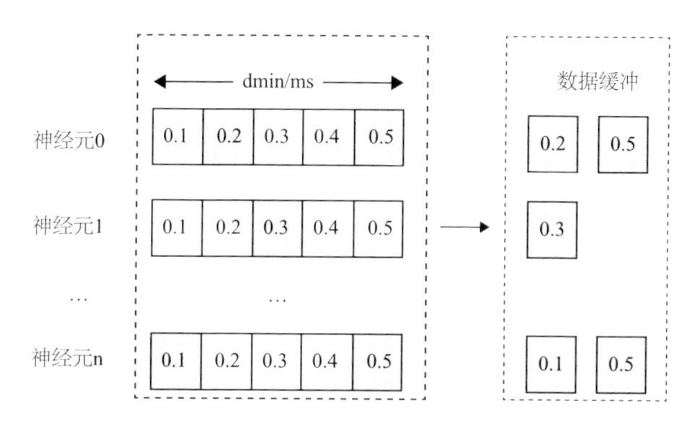

图 4-17 NEST 的最小延迟机制

0.1ms，则 dmin 为 0.5ms。神经元发出脉冲后，将脉冲信息存储到数据缓存。采用最小延迟机制可以增加 NEST 中单个神经元的 Cache（高速缓冲存储器）的生命周期，又可以减少大规模系统的通信开销。

另外，NEST 的神经元更新模块中还存在着不应期机制，对应于生物神经元发射脉冲后便会进入不应期阶段的基本原理。不应期阶段的神经元不会进行更新而只会进行不应期计数递减，直到满足某个阈值跳出不应期。

NEST 的代码结构

在 NEST 的代码结构中，Python 作为顶层模块，负责对 NEST 内核进行调度和动态加载。用户的仿真脚本在顶层应用程序接口（API）之中被定义，这些函数所生成的代码通过 SLI 传向底层 NEST 内核，从而控制 NEST 的整个仿真过程。由于 NEST 的顶层使用 Python 代码，因此 NEST 支持较多的依赖库，如 SciPy、NumPy、Matplotlib 等。

NEST 示例

作为示例，我们来看吉瓦尔提格关于 IAF 神经元对来自兴奋源和抑制源的泊松脉冲序列的响应的研究。通过记录神经元的膜电位，可以观察并分析刺激如何影响神经元。在这个实验中，研究者向神经元注入频率为 2Hz、振幅为 100pA 的正弦电流。同时，神经元接收来自两个泊松发生器的随机脉冲输入。一个泊松发生器代表大量兴奋性神经元，另一个代表大量抑制性神经元。每个泊松发生器的速率被设置为群体中假定的神经元数量与其平均发射脉冲速率的乘积。

可以对这个小型网络进行 1000ms 的模拟，然后绘制该时段内膜电位的变化过程（见图 4-18）。我们使用 Python 的 Matplotlib 包的 PyLab 绘图例程。这个小模型的 Python 代码如图 4-19 所示。

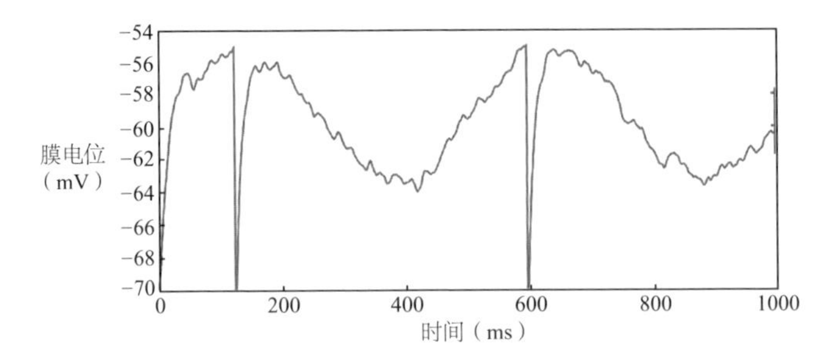

图 4-18　仿真 IAF 神经元膜电位变化图

图片来源：GEWALTIG M-O, MORRISON A, PLESSER H E, 2012. NEST by example: an introduction to the neural simulation tool NEST[M]//LE NOVÈRE N. Computational systems neurobiology. Dordrecht: Springer: 533-558.

```
1   import nest
2   import nest.voltage_trace
3   import pylab
4   neuron = nest.Create('iaf_neuron')
5   sine   = nest.Create('acgenerator', 1,
6                        {'amplitude': 100.0,
7                        'frequency' : 2.0} )
8   noise  = nest.Create('poisson generator', 2,
9                        [ {'rate': 70000.0 },
10                       {'rate': 20000.0 } ])
11  voltmeter = nest.Create('voltmeter' , 1,
12                       {'withgid': True } )
13  nest.Connect(sine, neuron)
14  nest.Connect(voltmeter, neuron)
15  nest.ConvergentConnect ( noise, neuron, [ 1.0 , -1.0], 1.0 )
16  nest.Simulate (1000.0)
17  nest.voltage_trace.from_device (voltmeter)
```

图 4-19　正弦信号叠加泊松噪声的 NEST 模型的 Python 代码

现在分析说明该代码。

前两行输入模块 nest 及其子模块 voltage_trace。nest 模块是本模拟器的核心，必须在希望使用 nest 的每个交互式会话和每个 Python 脚本中导入。nest 是一个 C++ 库，提供了仿真内核、许多神经元和突触模型以及仿真语言解释器（SLI）。我们将链接嵌套的仿真语言解释器到 Python 解释器的库称为 PyNEST。如上所示，导入 nest 会将所有 nest 命令放在名称空间 nest 中。因此，所有命令都必须以该名称空间的名称作为前缀。

接下来，第 4、5、8、11 行调用 Create 函数来创建各种类型的节点。Create 函数的第一个参数是一个字符串，表示要创建的节点类型。可以用 nest.Models 命令列出所有可用节点和连接模型。第二个参数是一个整数，表示要创建的节点数。因此，无论是 1 个神经元还是 10 万个神经元，只需要一次调用就可以创建。第三个参数是字典或字典列表，用于指定所创建节点的参数设置。如果只提供一个字典，则对所有创建的节点使用相同的参数。如果给定的是字典数组，则按顺序使用它们，因此它们的数量必须与创建的节点数量匹配。注意，这三个参数只有第一个是必需的。未显示设置的参数均使用默认值初始化，可以用nest.GetDefaults(model_name)显示这些默认值。Create返回整数列表，即创建的每个节点的全局标识符（简称GID）。GID是按照创建节点的顺序分配的，即第一个节点被分配为GID 1，第二个节点被分配为GID 2，依此类推。

在第4行中，函数Create生成了一个iaf_neuron类型的节点。第5行创建了一个正弦波发生器（参数设置：频率为2Hz、振幅为 100pA)，第8行创建了两个泊松噪声发生器（参数rate分别设置为70000和20000），第11行创建了一个电压表（参数withgid指示电压表是否要记录其所接收事件的源GID，即神经元的GID）。

在第13—14行中，节点间通过函数Connect进行连接。我们将正弦发生器和电压表连接到神经元。Connect命令接受两个或多个参数。第一个参数是源节点列表。第二个参数是目标节点列表。Connect遍历这两个列表并连接相应的对。如果一个节点向另一个节点发送事件，则发送的节点被称为Connect的源节点，另一个为目标节点。在本例中，正弦发生器处于源位置，因为它向神经元注入交流电。电压表位于源位置，因为它探测神经元的膜电位。其他设备可能位于目标位置，例如，从神经元接收脉冲事件的脉冲检测器。对源或目标不确定的可以使用NEST的帮助系统，例如，键入nest.help（‘voltmeter’）查看电压表。

接下来在第15行，我们使用ConvergentConnect函数将两个泊松噪声发生器连接到神经元。只要一个节点同时连接到多个源，就会使用ConvergentConnect。第三个和第四个参数分别是权重和延迟。对于这两种情况，可以为每个连接提供一个带有值的数组，也可以为所有连接提供一个单独的值。本例中，对于权重，我们提供了一个数组，因为我们创建了一个权重为1.0的兴奋性连接和一个权重为-1.0的抑制性连接。对于延迟，我们只提供了一个值，因此所有连接都具有相同的延迟。

第15行之后，网络准备就绪。

第16行调用NEST函数Simulate，该函数运行网络1000ms。该函数在模拟完成后返回。

最后，第17行调用函数.from_device来绘制神经元的膜电位。如果第一次运行该脚本，则可能需要告诉Python通过键入pylab.show()来显示图形。然后你将看到类似于图4-18的内容。

神经元膜电位对交流电以及随机兴奋性和抑制性脉冲事件产生反应。膜电位大致与注入的正弦电流匹配。正弦曲线的微小偏差是由到达随机事件的兴奋性和抑制性脉冲引起的。当膜电位达到-55mV的放电阈值时，神经元产生动作电位，进行复极化，膜电位迅速下降，重置为-70mV。在这个例子中，这种情况会发生两次：一次在110ms左右，另一次在600ms左右。

软硬件协同的实现——FPGA

前面我们讨论了脉冲神经网络的三种实现方法，即器件层面的实现、芯片层面的实现和软件层面的实现。以器件为基础的研究有望从根本上实现脉冲神经网络的特性，但是目前仍处于初步阶段，有待进一步的创新。专用集成电路可以实现硬件化，在功耗和性能方面具有较大优势，然而专用集成电路开发周期较长，流片成本巨大，而且各家研制单位没有统一标准，用户二次开发难度大。软件模拟的脉冲神经网络在图像分类、语音识别等领域都取得了一定的成果。相比于硬件，它们都有很高的灵活性，支持的神经元种类、突触种类多，而且使用者可以自定义神经元类型。但是，软件仿真工具也有着其天生的弱点，那就是现在主流的软件仿真工具都是基于CPU处理器的。在对神经元或者突触进行更新时，CPU本身的架构导致计算必须采用串行模式，这有悖于脉冲神经网络本身的高并行性，而且速度相对也比较慢，而在图形处理器（GPU）上运行则功耗较高。

现场可编程门阵列（FPGA）作为一种灵活的、高并行、高性能、低功耗的可编辑逻辑器件，兼顾了专用集成电路（ASIC）的低功耗特性和GPU的高并行性，恰好符合了脉冲神经网络高并行、低功耗等特点，现阶段更适合成为脉冲神经网络的仿真平台。例如，多伦多大学的学者设计了基于 Hadoop 分布式集群的 Zynq Soc 系统，中国科学院大学的学者设计了用于加密解密加速的异构 ARM-FPGA 集群。

同时，NEST 作为一款比较流行的脉冲神经网络仿真软件，由于它的开源特性，受到众多神经科学家和脉冲神经网络研究者的喜爱。大脑皮质有几十亿个神经元，如果单独用一台设备对其进行仿真是难以想象的。NEST 仿真工具支持集群式的仿真形式，已经应用于多个超算平台。本书作者团队基于较低价的普通 FPGA 开发板，将其搭建成集群，对 NEST 的相关方法进行了硬件优化，从而搭建了类脑计算系统集群。接下来我们将探讨基于 FPGA 集群的 NEST 优化仿真系统。

PYNQ 集群的搭建

该类脑计算系统集群采用多块 PYNQ-Z2 开发板，单块 PYNQ-Z2 开发板如图 4-20 所示。PYNQ 采用 Xilinx

图 4-20　PYNQ-Z2 开发板

Zynq芯片，Zynq集成了ARM A9双核处理器和FPGA可编程逻辑器件。FPGA的时钟频率为120MHz，ARM处理器的时钟频率为667MHz。PYNQ开发板支持Python和Jupyter Notebook，从而降低了FPGA开发门槛。

图4-21展示了一个含28个PYNQ板的机箱。每块板构成一个节点，每个节点包括一块Zynq7020芯片、一个512MB的第三代双倍数据率同步动态随机存取存储器（DDR3）和一张搭载Zynq启动文件以及系统文件的闪存（TF）卡。我们将多个节点连接到千兆的交换机进行信息的交换，节点之间采用1000Mbps网络带宽的以太网进行通信，采用TCP/IP协议，以把多个机箱连接起来进一步扩展系统规模。用户直接与交换机相连便可使用FPGA集群系统。使用FPGA集群增加了系统的可伸缩性和灵活性，整体提高了系统的性能和数据传输带宽。相比于ARM版本的平台，该系统拥有优秀的仿真性能和能效比。它实现了基于FPGA集群的脉冲神经网络NEST仿真系统，通过FPGA对神经元更新部分进行加速，提升了NEST的仿真

图4-21 PYNQ集群系统

性能。此外，在内存访问中使用集群的多节点形式将优化内存访问时间，因为单个开发板的缓存大小是有限的。当命中率相似时，集群的形式也可以提高计算速度。

在PYNQ集群上实现NEST整体结构设计

在PYNQ集群上实现的NEST仿真系统由PyNN类脑框架、NEST仿真器、PYNQ框架、FPGA神经元和STDP硬件模块组成。顶级应用程序的设计语言是Python。在PyNN类脑框架的帮助下，该集群调用NEST仿真器使得各种命令由Python解释器和SLI解释器解释后进入NEST内核进行执行。根据不同的命令可进行基础网络创建，包括神经元创建、突触连接创建、仿真时间设置等。

如若从硬件架构的角度考虑在PYNQ集群上实现NEST仿真器以及神经元加速模块，就需要对NEST仿真器进行重新设计，通过改变神经元更新算法消除数据之间的依赖性，改变数据精度以减少数据传输和存储需求，增加FPGA硬件驱动和数据传输模块以支持FPGA硬件系统。由于神经元的数据无法全部存储到FPGA板上，因此，该集群将神经元的数据存放到共享内存中，NEST仿真器与硬件通过共享内存的方式进行数据交互。为了减少频繁的内存读写，在共享内存中申请神经元变量后，该集群在初始化的时候将NEST仿真器中的数据传入共享内存，神经元硬件模块每次通过直接存储器访问（direct memory access，DMA）控制器从共享内存中读取数据，或输出数据到共享内存，以尽量减少神经元数据的搬运次数。

脉冲神经网络仿真器NEST可以实现10种以上的突触模型和50种以上的神经元模型。突触模型包含静态突触模型和STDP突触模型等，神经元模型包含HH模型、Izhikevich模型、LIF神经元模型等，它们的计算复杂度和生物仿真精度依次降低。LIF神经元模型应用最为广泛且易于硬件实现。NEST中的LIF神经元变量采用双精度浮点数，为了减少数据传输与系统内存等需求，将LIF神经元中双精度浮点数改为单精度浮点数可保证NEST的通用性。

LIF神经元计算模块采用流水线设计来提高吞吐率。神经元输入缓冲经过一系列乘加运算得到当前的神经元膜电位，如果膜电位大于阈值则会输出结果到神经元输出脉冲。输出的脉冲携带神经元的id，LIF神经元计算模块将发出脉冲的神经元id存储到共享内存，并按照输出顺序排列在一段连续的结束标志位设置为0的内存空间中。读取到0说明本轮神经元更新所发射的脉冲读取完毕。LIF神经元流水线结构可以参考图4-22，它分为数据读取R、神经元计算C、数据写回W三个模块，每个时钟周期读取和输出M个神经元的参数，M的数量取决于每个神经元的参数量和

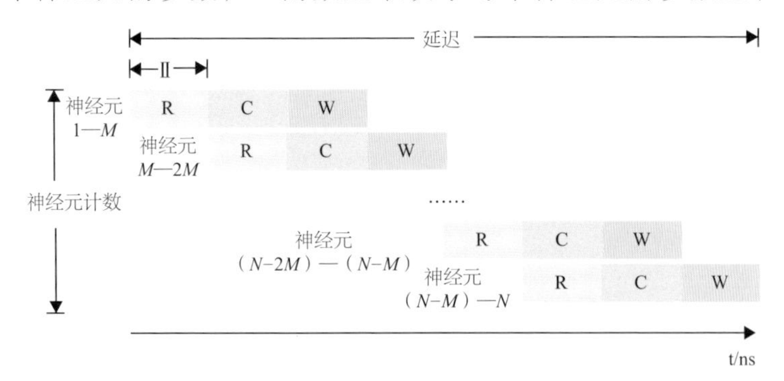

图4-22　LIF神经元流水线结构

传输的数据位宽。总神经元个数 N 由 NEST 仿真器给定的 LIF 神经元数量决定。

NEST 在脉冲神经网络仿真之前需要建立网络连接。神经元通过平均分配的原则被分配到各个进程中的线程，每个神经元被赋予全局标识符 gid、线程 id 及进程 id，随后根据 NEST 中的查找表建立突触。NEST 通过突触建立各个进程和线程之间的连接关系，进程中使用信息传递接口（MPI）消息机制进行神经元之间的脉冲消息传递，每个突触连接包含权重、延迟、目标神经元全局标识符。目标神经元全局标识符用来查找目标节点，延迟用来定义从源神经元到目标神经元需要的仿真步长。NEST 会给每个线程分配接收缓存和发送缓存，接收缓存负责接收所有传入的脉冲信息，发送缓存负责存放发射脉冲的信息。每个线程都会存在同样大小和同样数据的接收缓存，并通过本线程的 id 从接收缓存获取相应的脉冲事件数据，然后通过突触连接找到对应的神经元进行脉冲的传递。而 MPI 的信息交换机制是将进程中的发送缓存拷贝并发送至其他所有接收进程。

多线程可以采用共享内存或者分布式内存两种结构。如果多线程采用共享内存的结构，LIF 神经元硬件模块就可同时读写 DDR3 内存，进而充分发挥 DDR 的带宽优势，但由于线程之间存在上下文的切换，多线程的加速比并不能达到理论的最大值。如果多进程采用分布式内存的方式，每个进程就会都包含发送缓存和接收缓存，即该进程就会在脉冲神经网络仿真开始前将网络拓扑结构映射到 NEST，为每个线程和进程分配神经元，发出的脉冲信号通过以太网从发送缓存被发送到接收缓存。为每个进程节点配备单独的 DDR3 内存可增加整个系统的内存容量并提高其计算性能，但同时也需要考虑多节点的通信问题。

图 4-23 显示了在 PYNQ 集群上实现的 NEST 总体架构。系统在初始化阶段需要判断是否需要 FPGA 硬件加速模块。如果不需要，直接在双核 ARM A9 上运行；如果需要，则会根据神经元类型自动下载相应的 FPGA 比特流，并通过 NEST 控制多线程和多进程的调度以及 FPGA 与 DRAM（动态随机存取存储器）的数据交互。单个线程内可实现多个 LIF 神经元并行计算的硬件设计，同时采用流水

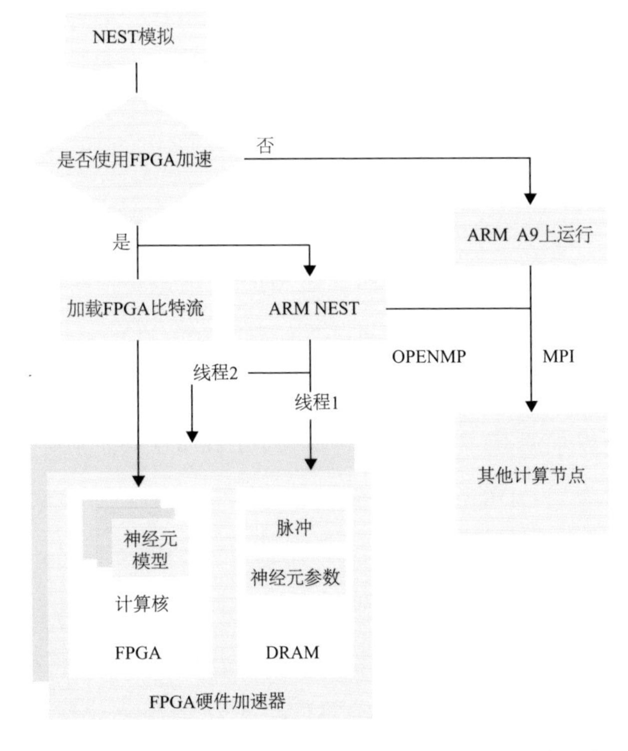

图 4-23　基于 FPGA 集群的脉冲神经网络仿真器的整体架构

线架构，使当前轮次仿真的输入复用上一轮次仿真的输出。MPI 消息传输机制和以太网通信实现计算节点与计算节点之间的脉冲传递。

神经元的实现

本书第三章介绍了三种最典型的神经元模型，分别为 HH 模型、LIF 神经元模型和 Izhikevich 模型，从计算复杂度和空间复杂度进行分析可知，HH 模型虽然生物合理性最强，但其计算复杂度较高，因此用作硬件优化的代价也最大。LIF 神经元模型在计算复杂度和仿生精度之间取得了很好的折中，非常适合硬件计算。而 Izhikevich 模型既具有 HH 模型的动力学特性，又具有非常高的计算效率。本节将介绍一种对 LIF 神经元模型和 Izhikevich 模型进行加速的硬件优化实现方法，使用这种方法的神经元模块，能够被灵活地扩展到不同硬件平台和应用。

用硬件实现 LIF 神经元，要先将计算模型离散化，该神经元模型离散化后如式（4.1）所示。

$$V(t)= I(t-1) + a-bV(t-1),\ if\ V(t)>V_{thresh},\ \text{then}\ V(t) \leftarrow c \tag{4.1}$$

其中 $t-1$ 代表神经元上一时间刻度存储的参数，t 代表当前时间刻度的参数，$V(t-1)$ 是指神经元上的膜电压，$I(t-1)$ 是指神经元上流过的电流。a、b、c、V_{thresh} 为参数，具体数值和求解过程此处从略。

LIF 神经元模型的硬件实现如图 4-24 所示。单个神经元硬件模块包含加法、乘法、比较器、脉冲生成器等部件。

某一时刻，上游的一个或多个神经元传送来的脉冲信号在神经元前的突触根据权重汇聚后传递到神经元的脉冲输入端，经神经元内部硬件实现后，如果当前时刻膜电压到达阈值，则生成脉冲，从脉冲输出端输出，膜电压复位。当前膜电压被反馈到下一时间刻度。

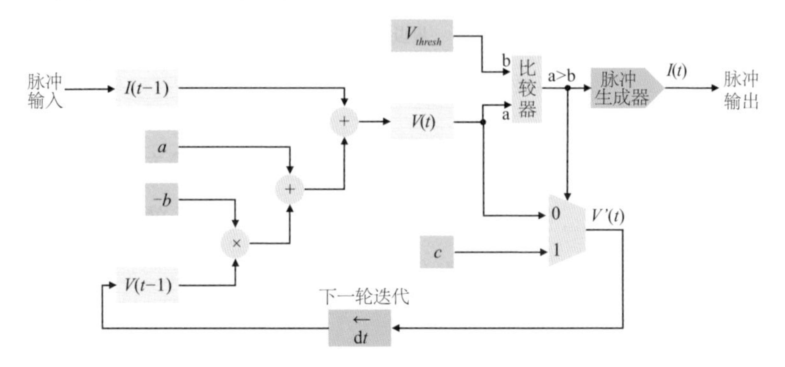

图 4-24　LIF 神经元模型通用硬件实现示意图

同理，在对 Izhikevich 模型进行硬件实现时，需要将 Izhkevich 模型离散化。该神经元模型离散化后如式（4.2）、式（4.3）所示。

$$V(t)=0.04V^2(t-1)+5V(t-1)+140-U(t)+I(t-1) \qquad (4.2)$$

$$U(t)=a(bV(t-1)-U(t-1)) \qquad (4.3)$$

到达阈值后，膜电位复位如式（4.4）所示：

$$if\ V(t)\geqslant +30mV,\ then\begin{cases}V(t)\leftarrow c\\U(t)\leftarrow u(t-1)+d\end{cases} \qquad (4.4)$$

Izhikevich 模型的参数比 LIF 神经元模型复杂，它通过 a、b、c、d 四个参数来拟合生物神经元的不同特征，同时 a 参数和 d 参数可以确定神经元类型为兴奋性还是抑制性。在实现时需要为参数 a、b、c、d 指定相应的数值，如图 4-25 所示。

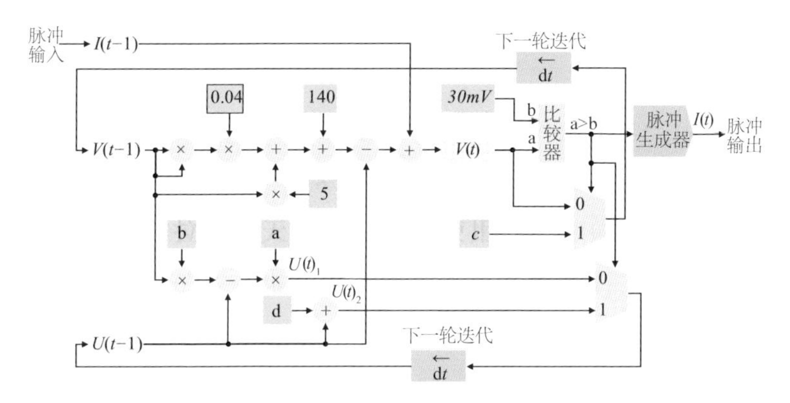

图 4-25 Izhikevich 模型的通用硬件实现示意图

上文中的 LIF 神经元模型和 Izhikevich 模型通用硬件模块，可采用物理单元复用将单个神经元硬件复用为多个神经元硬件，对没有数据依赖性的神经元采用多个神经元硬件模块并行的方法以提高速度，同时采用流水线技术以提高整体系统的吞吐率。与此同时，这两种硬件模块更加通用，不仅适用于边缘计算端的脉冲神经网络应用，而且可用于支持类脑计算仿真框架的云计算端或者集群。

突触的实现

接下来让我们来了解突触模块的实现和优化方法。虽然静态突触与神经元相比较为简单，但由于人脑中突触的数量约为神经元的 10^4 倍，因此静态突触的计算量和空间复杂度要大得多。所以，突触模块的计算量优化就显得尤为重要。为了解决脉冲神经网络 STDP 训练不收敛、识别精度低的问题，目前多采用 ANN-SNN 的方式来做关于脉冲神经网络的应用。而在类脑计算领域，由于依靠对人脑的神经网络研究来进行建模，脉冲神经网络多采用全连接的方式对人脑进行仿真。

另外，脉冲神经网络相比传统的人工神经网络最大的优势在于包含时空信息以及高效的脉冲信息，脉冲神经网络可以使用基于事件驱动的突触计算方法，即当发出脉冲时权重才会累加到相应的神经元上，这就意味着进行突触计算时脉冲神经网络的能耗更低。

第三章中提到的突触后电流的计算方法如式（3.9）所示，然而，由于突触模型中的衰减因子的计算模型为指数形式，计算实现的代价较高，因此指数部分的实现以按照时间比例衰减的方式进行模拟，对上升部分以当有脉冲到达时膜电位就会 +1 来模拟。其优化计算如式（4.5）所示。

$$\tau_s \frac{\mathrm{d}s}{\mathrm{d}t} = -s(t)\text{，每来一个脉冲 } s(t) \leftarrow s(t)+1 \tag{4.5}$$

将微分进行级数化后可得式（4.6）。

$$s(t) = s(t-1) \times (1 - T_{simstep}/\tau_s)\text{，每来一个脉冲 } s(t) \leftarrow s(t)+1 \tag{4.6}$$

突触的硬件设计主要取决于连接神经元的突触数和突触权重的位宽，为了便于硬件设计，本节介绍的突触硬件实现方法如图 4-26 所示。以脉冲神经网络的神经元为中心，首先需要计算神经元的电导，即将连接神经元的突触的权重与衰减因子相乘，然后逐个累加得到神经元的电导值，最后将膜电位和逆转电位 E 的差与电导值相乘便可得到神经元的突触后电流。

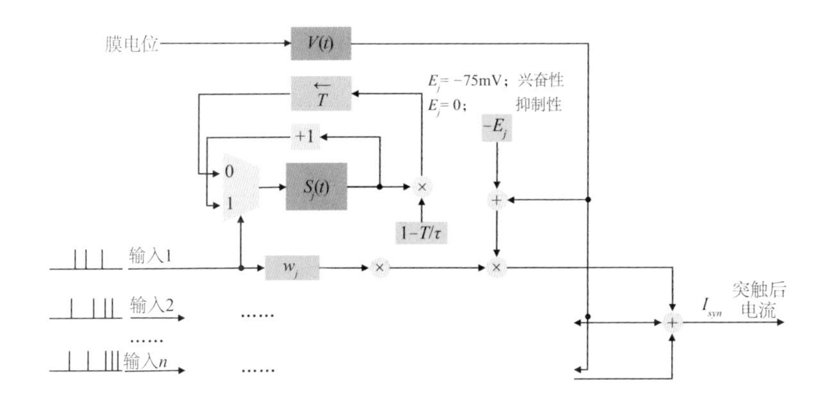

图 4-26 突触的通用硬件设计示意图

突触的硬件实现中，突触权重的个数取决于数据带宽和突触权重的位宽。另外，硬件设计没有体现出突触是抑制性的还是兴奋性的，在具体的设计中可以根据用户预设的兴奋性或者抑制性的突触类型进行判断，将兴奋性的突触累加到兴奋性的电导，将抑制性的突触累加到抑制性的电导，进而，E 的值也会根据突触类型的不同而不同。

ARM+FPGA 软硬件协同计算架构

本节的最后，我们来看用于类脑计算系统的 ARM+FPGA 软硬件协同的计算架构。其中 ARM 负责控制部分，FPGA 负责计算部分。两者之间的通信可采用 AXI-Lite、AXI4 和 AXI4-Stream 的方式。AXI-Lite 面向简单的地址映射通信；AXI4 面向高性能的地址映射通信，最大支持 256 轮突发长度传输；AXI4-Stream 面向流式的数据通信，支持无限次突发长度传输。在下面的部分我们会针对 AXI4 和 AXI4-Stream 通信方式简要介绍两种不同的通用的硬件计算架构设计方法，分别是基于AXI4的双缓存设计和基于AXI4-Stream的流水线设计，它们可针对不同的类脑计算应用场景做出适配。在读取小批量数据时可选择AXI4-Stream的设计，当读取大批量数据时可选择AXI4的设计。

针对需要读取大批量数据的应用场景，使用的AXI4双缓存计算架构如图4-27所示。它采用软硬件协同的方式，使用AXI-Lite总线进行控制寄存器通信，使用AXI4进行大批量数据传输，分别设置两个输入缓存和两个输出缓存。两个计算模块采用双缓存的方式，使计算和数据传输同时进行，提升了数据的吞吐率。它使用Scatter和Gather模块进行数据分发和数据聚集，节点更新可以配置不同的计算模型，如LIF神经元模型、Izhikevich模型和STDP学习算法。

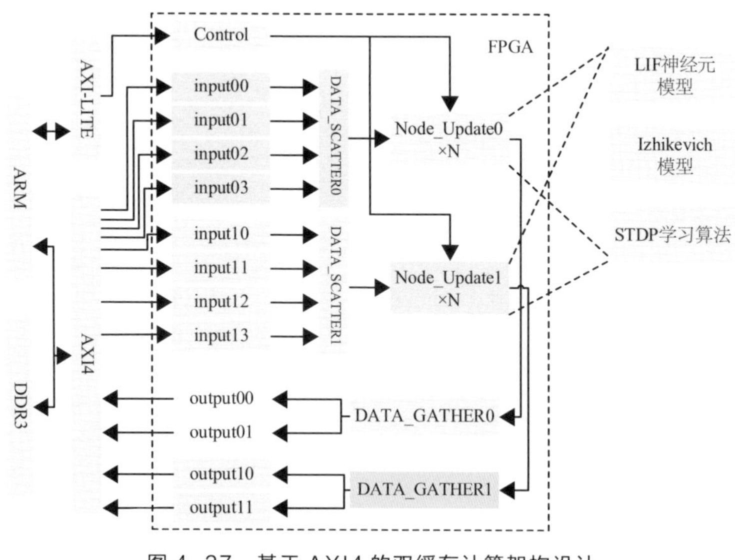

图4-27　基于AXI4的双缓存计算架构设计

作为ARM和FPGA的通信方式，AXI4-Stream去除了地址线，不涉及读写数据的概念，只有简单的发送和接收，减少了延迟，其读写可设置的最大突发长度为1024bit。AXI4-Stream更适合流式的数据传输，适合应用在流水线架构中。采用流水线的架构可以大大提高数据的吞吐率，其计算架构如图4-28所示。

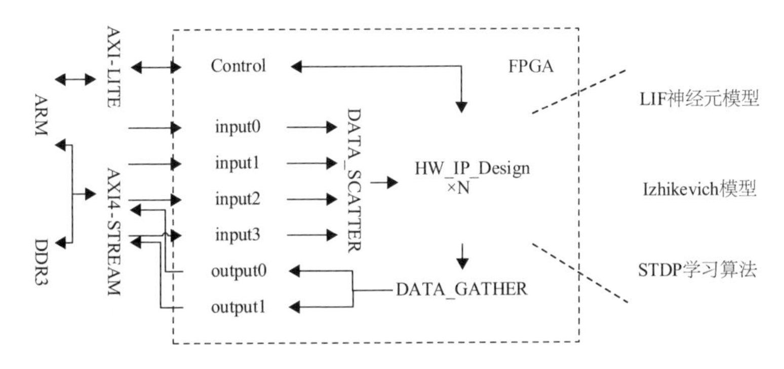

图4-28 基于AXI4-Stream的流水线计算架构设计

五　类脑计算能做很多事

近年来，由于类脑计算具有低功耗、生物可解释性等多种深度学习网络所不具备的特征，人们越来越多地开始关注类脑计算的应用问题。目前大多数可应用的脉冲神经网络学习算法是基于卷积神经网络转换的，但是这种方式完全忽略了脉冲神经网络的生物学特性，而且实现依然较为困难。因此，提出高正确率的脉冲神经网络学习算法成为脉冲神经网络研究方面需要首要解决的问题。本章将介绍几个在类脑计算平台上运行的典型应用。

数字识别

2015年迪尔（P. U. Diehl）等人提出了一种基于

STDP 无监督学习规则的脉冲神经网络算法，它在手写数字数据集 MNIST 的基准上首次达到了 95% 的准确率，证明了无监督学习的脉冲神经网络算法可以得到同深度学习网络相差不多的识别准确率。这种脉冲神经网络模型架构具有高准确率、较好的生物可解释性和稳健性，而且它具有局部性，其网络扩展性更好，能充分利用硬件的计算能力。这种基于 STDP 无监督学习规则的脉冲神经网络算法之所以有较高的识别准确率，在于它在脉冲神经网络中加入了横向抑制、基于电导的突触学习和自适应膜阈值机制等多种具备生物可解释性的特征。

脉冲神经网络如何实现数字识别？

在面向数字识别的脉冲神经网络中，神经元采用了 LIF 神经元模型，膜电位 V 可以表示为式（5.1）。

$$\tau=\frac{\mathrm{d}V}{\mathrm{d}t}=(E_{rest}-V)Cg_e\,(E_{exc}-V)Cg_i\,(E_{inh}-V) \qquad (5.1)$$

其中，E_{rest} 为静息电位；g_e 和 g_i 分别是兴奋性和抑制性突触的电导；E_{exc} 和 E_{inh} 则用来表示兴奋性和抑制性突触的平衡电位；τ 为时间常数，具有生物可解释性。当神经元的膜电位超过阈值 V_{thresh} 时，神经元发放脉冲，并将膜电位重置为 V_{rest}。之后的几毫秒中，神经元将处于超极化，无法发放脉冲。

根据 STDP 规则，当突触前神经元发放的脉冲到达突触时，突触会立即通过突触权重增大其电导，否则电导将呈指数级衰减。如在兴奋性突触前神经元中，电导 g_e 可以表示为式（5.2）。

$$\tau_{g_e} = \frac{dg_e}{\mathrm{d}t} = -g_e \tag{5.2}$$

其中，τ_{g_e} 是兴奋性突触的时间常数。对抑制性突触而言，其时间常数为 τ_{g_i}。

上述模型中使用的所有参数基本上都具有良好的生物可解释性。该模型将兴奋性神经元的时间参数做了一定的调整，即将时间窗口设置为 100ms，而不是生物中的 10ms 到 20ms。这是为了提高其分类准确率，因为该模型使用频率编码，所以在时间窗口较小时，即使输入信号的频率达到最大，每个神经元也仅能发放约 1.25 个脉冲，这使得噪声脉冲产生了较大影响。因此，增加时间窗口能极大提高其准确率。同理，当增加神经元个数导致每层发放的脉冲数增加时，噪声的影响减弱，其时间函数也就不再需要增大了。但在非必要的情况下，可以尝试减少神经元个数以提高运行速度。

面向数字识别的脉冲神经网络为双层网络模型，如图 5-1 所示。其中第一层即输入层全部为兴奋性神经元，每个神经元对应图片上的一个像素，共 28×28 个神经元。根据像素值转化为泊松峰值分布的频率编码，其像素值范围为 [0，255]，频率值范围为 [0，63.75]，像素值越大，频率越高。图中蓝色区域为第一层神经元连接到第二层神经元的示例，第一层到第二层的连接为全连接。

第二层为处理层，包含可变数量的兴奋性神经元和抑制性神经元。抑制性神经元的作用是进行侧向抑制，即一旦一个兴奋性神经元发放脉冲，就通过抑制层对其他所有神经元进行抑制。每一个兴奋性神经元对应一个抑制性神经元，该抑制性神经元又同其他所有兴奋性神经元相连接。

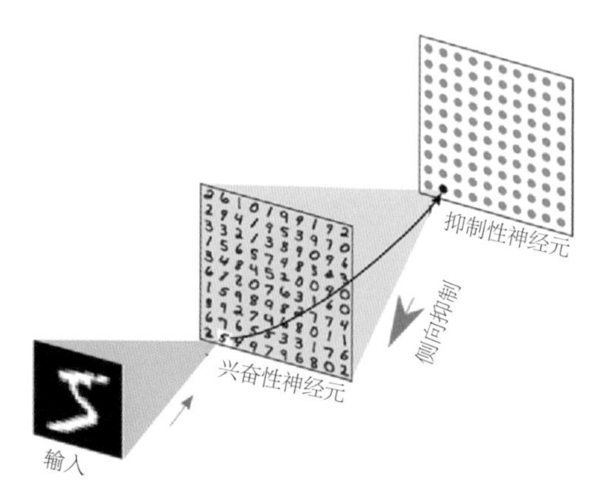

图 5-1　面向数字识别的脉冲神经网络图示

图片来源：https://www.frontiersin.org/articles/10.3389/fncom.2015.00099/full#.

第一层神经元与第二层神经元之间，完全使用 STDP 规则进行学习，即如果一个突触前脉冲引起了突触后脉冲，则两者间的权重增加，否则权重不断降低，该突触的作用越来越小。其权重更新规则可以表示为式（5.3）：

$$\Delta w = \eta(x_{pre} - x_{tar})(w_{max} - w)^{\mu} \quad (5.3)$$

其中，η 为学习速率；w_{max} 为权重最大值；$(w_{max}-w)^{\mu}$ 使用幂律相关的计算较好地模拟了 STDP 规则，且在实现时节省了非常多的计算资源，原因在于其只有在突触后神经元发放脉冲时才进行权重更新，而突触后神经元的发放概率并不高；x_{pre} 指突触前神经元发放脉冲之前曾发送的脉冲个数，x_{tar} 是一个偏移量，表示突触后脉冲时刻相对于突触前轨迹的目标值，两者确保了脉冲发送频率越高，突触效能越大，权重也越高。

输入信号本身的不均匀分布，导致兴奋性神经元脉冲激发速率不同，横向抑制和STDP规则又使突触权重的差异进一步加大，因此容易导致分布不平衡，如只有数个神经元发放大量脉冲。采用自适应阈值机制可抑制这种不均匀分布。其具体原理是把阈值设置为$V_{thresh}+\theta$，神经元每次发放脉冲，θ都会增加，否则θ呈指数级衰减，从而使得脉冲频率高的神经元下次更难以发放脉冲。

在训练结束后，若第二层神经元中针对某个数字的响应次数最多，则把该数字的标签分配给该神经元。输入测试集图片后，模型会统计每个类别神经元的响应次数，将占比最高的类别标签作为结果输出。

和传统的人工神经网络比较

我们已经了解了神经网络是如何对手写数字的图片进行识别的，那么如何形象地去理解这个过程呢？图5-2和图5-3分别为传统的人工神经网络（卷积神经网络）和脉

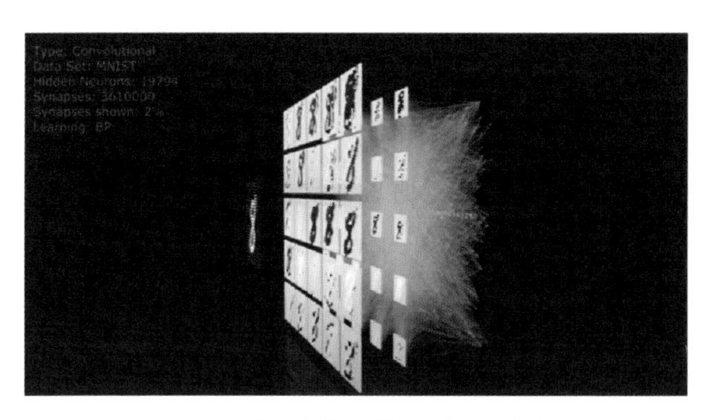

图5-2　卷积神经网络识别手写数字8

冲神经网络对手写数字的图片进行识别的过程示意图。在图 5-2 中，左边为要识别的数字图像，它高 128 像素，宽 128 像素。右边亮起的白线条为神经网络中使用到的权重，我们可以将其理解为处于活跃状态的突触。通过图 5-2 和图 5-3，可以看出脉冲神经网络在对图像进行识别时具有更少的神经元连接和突触，因而能耗更低、效率更高。

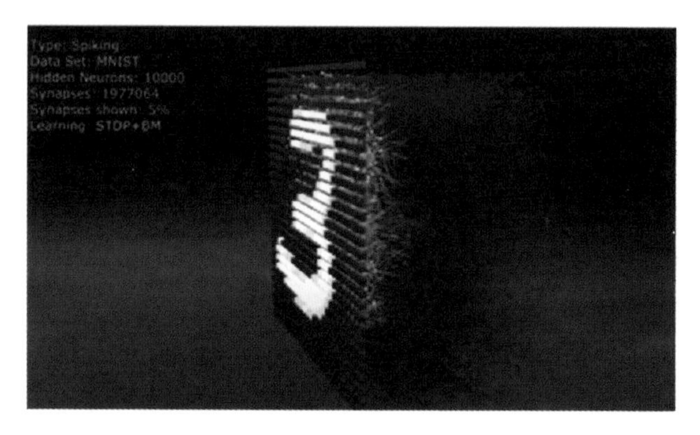

图 5-3 脉冲神经网络识别手写数字 3

无人自行车

在清华大学东操场上，一辆自行车实现了自平衡、目标探测跟踪、自动避障、语音理解控制、自主决策等功能，如图 5-4 所示。这是清华大学“天机芯”研究团队设计的一个自动驾驶自行车实验，以评估芯片整合多模态信息和做出迅速决策的能力。这款自动驾驶自行车配备了“天机芯”，惯性测量传感器、摄像头、刹车电机、转向电机、驱动电机等模块，以及控制平台、计算平台、“天机芯”板级系统等处理平台，等等。自行车的任务是执行实时物体检测、跟踪、语音命令识别、骑行减速等功能，还可实现避障过障、平衡控制和自主决策。这些任务的解决部分运用了模拟人脑的模型，而其他则采用了机器学习算法模型。

图 5-4 基于“天机芯”的无人自行车
图片来源：https://www.rd.tsinghua.edu.cn/info/1054/1343.htm.

受生物脑启发的自动驾驶汽车

自动驾驶汽车是当前机器学习研究者和工程师们正在探索的最复杂的任务之一。它覆盖很多方面，而且必须高度稳定，只有这样，我们才能保证自动驾驶汽车在道路上的安全运行。通常，自动驾驶算法的训练需要大量真实人类驾车的训练数据，我们试图让深度神经网络理解这些数据，并复现人类遇到这些情况时的反应。

最近，来自奥地利科技学院、维也纳工业大学和麻省理工学院的研究者从一种名为“秀丽隐杆线虫”的生物中受到启发，成功训练了一种新型人工智能网络来控制自动驾驶汽车。这一新型网络仅用了 7.5 万个参数、19 个神经元。它控制神经元算法通过 253 个突触将 32 个封装的输入特征连接到输出，进而学习把高维输入映射到操纵命令中以用于汽车的转向。与以前的深度学习模型（如 ResNet、LSTM）相比，该系统具有更好的泛化性、可解释性和稳健性。而基于 CNN 和 LSTM 的神经网络若想打造同样的自动驾驶系统，其网络结构则要复杂得多。

研究团队发现线虫的神经系统能够以高效、协调的方式处理信息，证明深度学习模型仍有改进空间。如果线虫在进化到接近最优的神经系统结构后，能够凭借极少量神经元做出有趣的行为反应，那么我们也可以让机器做到。该神经系统可以让线虫做出移动、动作控制和导航行为，而这恰恰是自动驾驶等应用所需要的，于是研究者在 2018 年提出了一种新的神经元回路策略（neuronal circuit policies，NCP）。

如图 5-5 所示，NCP 系统包括两个部分，第一部分是一个卷积神经网络，用于从输入图像像素中提取结构特征。使用这些特征，网络能够确定图像的哪些部分比较重要，并将这部分图像传输至下一个步骤。第二个部分即控制系统，它利用一组生物启发神经元做出的决策控制汽车，它

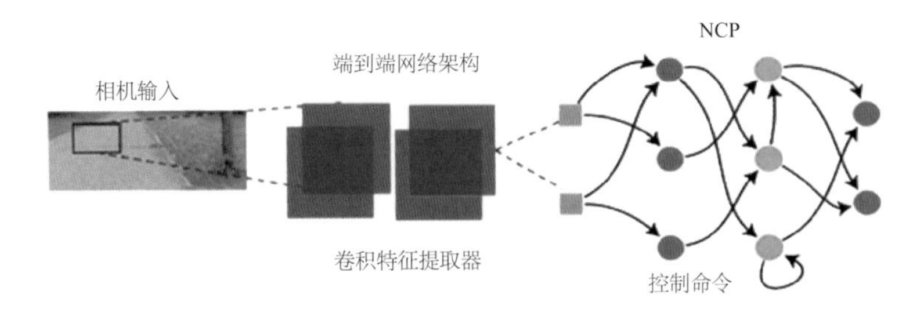

图 5-5　神经元回路策略

图片来源：LECHNER M, HASANI R, AMINI A, et al., 2020. Neural circuit policies enabling auditable autonomy[J]. Nature Machine Intelligence, 2: 642-652.

将上一步骤中卷积模型的输出数据转换到仅有19个神经元的RNN结构中（该结构受线虫神经系统的启发），进而控制汽车。

除了结构简单外，用NCP设计的自动驾驶系统还有两大优势：强可解释性和稳健性。系统的可解释性让我们看到网络将注意力集中在什么方面。神经网络专注于图像非常具体的部分，比如路边和地平线。研究人员表示，这种行为在AI系统中是独一无二的。此外，可解释性细化到了每个神经元。我们能够知道每个神经元在驾驶决策中的作用，了解单个神经元的功能及其行为。为了测试，对比传统模型和NCP模型的稳健性，研究人员还给输入图像加入了扰动，并评估了系统对噪声的处理能力。结果，NCP模型表现出了对输入伪像的强大抵抗力。除了强可解释性和稳健性，NCP模型还有其他优势。比如减少训练时间、降低在相对简单的系统中实现人工智能的不确定性等。NCP模型不仅能应用于自动驾驶，还能模仿学习，这意味着更广泛的应用，比如仓库的自动化机器人等。

六 结语

这本小书介绍了以脉冲神经网络为基础的第三代人工神经网络以及与类脑计算相关的概念、实现和应用。

早在战国时期的著作《列子・汤问》中，就记载了一个叫“偃师”的工匠敬献了一名栩栩如生的歌舞人偶给周穆王的故事。这个故事可以被理解为当时的“科幻小说”，可见，人类对人造类人智能的美好幻想由来已久。到目前为止，双足机器人、脸部表情机器人等陆续面世。这些类人机器人主要还是以信息技术、计算技术、机电技术以及新型材料技术为主进行研发的。其“大脑”为计算芯片，其四肢为舵机、液压或气动等机电装置，其感官为各类电子传感器。生物技术目前实际使用较少。

与机电机器人不同，有些研究者正在研究更接近于生物的人工肌肉。前级传来的运动信号经神经元树突收集后，通过轴突传递到神经末梢，经神经元－肌肉连接点连接到肌肉束，由此，相关信号就可以刺激肌肉收缩或舒张，产生运动。在未来，人们希望可以将人的智能更深程度地引入机器人系统，使机器人从机理上对人进行模仿，能够像人一样感觉、思考和运动，从而“配合”人的工作，共同完成任务。类人智能不但是未来人工智能研究的重要外显载体，而且在服务业、智能家居、医疗、国家与社会安全等领域都具有极为广泛的应用价值。

或许在不久的将来，真正以类脑计算为基础，体积可以小到集成在人体大小的“身体”内，功耗极低，能够采用自身“手臂”移动棋子的拟人化的类脑智能机器人将会出现。这是否是通往人工智能的必经之路，我们也没有十足的把握。但这一方向的探索，必将有助于加深我们对人类自身智慧的认识。

神秘的智能世界，有待大家进一步探索。

参考文献

陈子龙，程传同，董毅博，等，2019. 忆阻器类脑芯片与人工智能 [J]. 微纳电子与智能制造 (4)：58–70.

顾宗华，潘纲，2015. 神经拟态的类脑计算研究 [J]. 中国计算机学会通讯，11(10)：10–20.

韩雪，阮梅花，王慧媛，等，2016. 神经科学和类脑人工智能发展：机遇与挑战 [J]. 生命科学，28(11)：1295–1307.

黄铁军，施路平，唐华锦，等，2016. 多媒体技术研究 [J]. 中国图象图形学报，21(11)：1411–1424.

黄铁军，余肇飞，刘怡俊，2019. 类脑机的思想与体系结构综述 [J]. 计算机研究与发展，56(6)：1133–1148.

蔺想红，王向文，2018. 脉冲神经网络原理及应用 [M]. 北京：科学出版社 .

蔺想红，王向文，张宁，等，2015. 脉冲神经网络的监督学习算法研究综述 [J]. 电子学报，43(3)：577–586.

缪向水，李祎，孙华军，等，2018. 忆阻器导论 [M]. 北京：科学出版社 .

蒲慕明，2019. 脑科学研究的三大发展方向 [J]. 中国科学院院刊，34(7)：807–813.

蒲慕明，徐波，谭铁牛，2016. 脑科学与类脑研究概述 [J]. 中国科学院院刊，31(7)：725–736.

陶建华，陈云霁，2016. 类脑计算芯片与类脑智能机器人发展现状与思考 [J]. 中国科学院院刊，31(7)：803–811.

王秀青，曾慧，韩东梅，等，2019. 基于脉冲神经网络的类脑计算 [J]. 北京工业大学学报，45(12)：1277–1286.

曾毅，刘成林，谭铁牛，2016. 类脑智能研究的回顾与展望 [J]. 计算机学报，39(1)：212–222.

周斌，王哲，2020. 类脑计算技术发展与产业应用展望 [J]. 人工智能 (1)：36–46.

BENJAMIN B V, GAO P, MCQUINN E, et al., 2014. Neurogrid: a mixed-analog-digital multichip system for large-scale neural simulations [J]. Proceedings of the IEEE, 102(5)：699–716.

BRETTE R, GERSTNER W, 2005. Adaptive exponential integrate-and-fire model as an effective description of neuronal activity [J]. Journal of Neurophysiology, 94(5)：3637–3642.

BRETTE R, RUDOLPH M, CARNEVALE T, et al., 2007. Simulation of networks of spiking neurons: a review of tools and strategies [J]. Journal of Computational Neuroscience, 23(3)：349–398.

CAPORALE N, YANG D, 2008. Spike timing-dependent plasticity: a Hebbian learning rule [J]. Annual Review of Neuroscience, 31：25–46.

CLOPATH C, BÜSING L, VASILAKI E, et al., 2010. Connectivity reflects coding: a model of voltage-based STDP with homeostasis [J]. Nature Neuroscience, 13(3)：344–352.

DUTTA S, KUMAR V, SHUKLA A, et al., 2017. Leaky integrate and fire neuron by charge-discharge dynamics in floating-body MOSFET [J]. Scientific Reports, 7(1)：8257.

HODGKIN A L, HUXLEY A F, 1952. A quantitative description of membrane current and its application to conduction and excitation in nerve [J]. Journal of Physiology, 117：500–544.

FARSA E Z, AHMADI A, MALEKI M A, et al., 2019. A low-cost high-speed neuromorphic hardware based on spiking neural network [J]. IEEE Transactions on Circuits and Systems II: Express Briefs, 66(9)：1582–1586.

FURBER S B, GALLUPPI F, TEMPLE S, et al., 2014. The SpiNNaker project [J]. Proceedings of the IEEE, 102(5)：652–665.

GANCARZ G, GROSSBERG S, 1998. A neural model of the saccade generator in the reticular formation [J]. Neural Networks, 11(7–8)：1159–1174.

GERSTNER W, BRETTE R, 2009. Adaptive exponential integrate-and-fire model [J]. Scholarpedia, 4(6)：8427.

GERSTNER W, KISTLER W M, 2002. Spiking neuron models: single neurons, populations, plasticity [M]. Cambridge：Cambridge University Press.

GINZBURG I, SOMPOLINSKY H, 1994. Theory of correlations in stochastic neural networks [J]. Physical Review E, 50(4)：3171–3191.

GÜTIG R, AHARONOV R, ROTTER S, et al., 2003. Learning input correlations through nonlinear temporally asymmetric Hebbian plasticity [J]. Journal of Neuroscience, 23(9)：3697–3714.

HAHNE J, HELIAS M, KUNKEL S, et al., 2015. A unified framework for spiking and gap-junction interactions in distributed neuronal network simulations [J].

Frontiers in Neuroinformatics, 9：22.

HILL S, TONONI G, 2005. Modeling sleep and wakefulness in the thalamocortical system [J]. Journal of Neurophysiology, 93(3)：1671–1698.

IMAM N, CLELAND T A, 2020. Rapid online learning and robust recall in a neuromorphic olfactory circuit [J]. Nature Machine Intelligence, 2(3)：181–191.

IZHIKEVICH E M, 2003. Simple model of spiking neurons [J]. IEEE Transactions on Neural Networks, 14(6)：1569–1572.

IZHIKEVICH E M, EDELMAN G M, 2008. Large-scale model of mammalian thalamocortical systems [J]. Proceedings of the National Academy of Sciences of the United States of America, 105(9)：3593–3598.

JAN H, DAVID D, JANNIS S, et al., 2017. Integration of continuous-time dynamics in a spiking neural network simulator [J]. Frontiers in Neuroinformatics, 11：34.

JIANHUI H, ZHAOLIN L, WEIMIN Z, et al., 2020. Hardware implementation of spiking neural networks on FPGA [J]. Tsinghua Science and Technology, 25(4) : 479–486.

KOBAYASHI R, TSUBO Y, SHINOMOTO S, 2009. Made-to-order spiking neuron model equipped with a multi-timescale adaptive threshold [J]. Frontiers in Computational Neuroscience, 3：9.

LECHNER M, HASANI R, AMINI A, et al., 2020. Neural circuit policies enabling auditable autonomy[J]. Nature Machine Intelligence, 2(10)：642–652.

LINARES-BARRANCO A, PAZ-VICENTE R, GOMEZ-RODRIGUEZ F, et al., 2010. On the AER convolution processors for FPGA [C] // IEEE. Proceedings of 2010 IEEE International Symposium on Circuits and Systems. Paris：IEEE：4237–4240.

LUO J W, COAPES G, MAK T, et al., 2016. Real-time simulation of passage-of-time encoding in cerebellum using a scalable FPGA-based system [J]. IEEE Transactions on Biomedical Circuits & Systems, 10(3): 742–753.

MAAS W, 1997. Networks of spiking neurons: the third generation of neural network models [J]. Neural Networks, 14(4): 1659–1671.

MACHADO P, WADE J, MCGINNITY T M, 2014. Si elegans: FPGA hardware emulation of C. elegans nematode nervous system [C] // IEEE. 2014 Sixth World Congress on Nature and Biologically Inspired Computing. Porto: IEEE: 65–71.

MCCULLOCH W, PITTS W, 1943. A logical calculus of the ideas immanent in nervous activity [J]. Bulletin of Mathematical Biophysics, 5: 115–133.

MOORE S W, FOX P J, MARSH S J T, et al., 2012. Bluehive: a field-programable custom computing machine for extreme-scale real-time neural network simulation [C] // IEEE. 2012 IEEE 20th International Symposium on Field-Programmable Custom Computing Machines. Toronto: IEEE: 133–140.

PANDE S, MORGAN F, SMIT G, et al., 2013. Fixed latency on-chip interconnect for hardware spiking neural network architectures [J]. Parallel Computing, 39(9): 357–371.

PARK J, HA S, YU T, et al., 2014. A 65k-neuron 73-Mevents/s 22-pJ/event asynchronous micro-pipelined integrate-and-fire array transceiver [C] // IEEE. 2014 IEEE Biomedical Circuits and Systems Conference (BioCAS) Proceedings. Lausanne: IEEE: 675–678.

PEI J, DENG L, SONG S, et al., 2019. Towards artificial general intelligence with hybrid Tianjic chip architecture [J]. Nature, 572: 106–111.

PETROVICI M A, VOGGINGER B, MÜLLER P, et al., 2014. Characterization and compensation of network-level anomalies in mixed-signal neuromorphic modeling platforms [J]. PLoS One, 9(10): e108590.

POO M M, DU J L, IP N Y, et al., 2016. China Brain Project: basic neuroscience, brain diseases, and brain-inspired computing [J]. Neuron, 92(3): 591–596.

POZZORINI C, MENSI S, HAGENS O, et al., 2015. Automated high-throughput characterization of single neurons by means of simplified spiking models [J]. PLoS Computational Biology, 11(6): e1004275.

QIAO N, HESHAM M, CORRADI F, et al., 2015. A reconfigurable on-line learning spiking neuromorphic processor comprising 256 neurons and 128K synapses [J]. Frontiers in Neuroscience, 9: 141.

ROTTER S, DIESMANN M, 1999. Exact digital simulation of time-invariant linear systems with applications to neuronal modeling [J]. Biological Cybernetics, 81: 381–402.

ROY K, JAISWAL A, PANDA P, 2019. Towards spike-based machine intelligence with neuromorphic computing [J]. Nature, 575: 607–617.

SHAHINPOOR M, BAR-COHEN Y, SIMPSON J O, et al., 1998. Ionic polymer-metal composites (IPMCs) as biomimetic sensors, actuators and artificial muscles: a review[J]. Smart M Materials and Structures,7(6): R15–R30.

SHEN J C, MA D, GU Z H, et al., 2016. Darwin: a neuromorphic hardware co-processor based on Spiking Neural Networks [J]. Science China (Information Sciences), 59(23401): 1–5.

SHI L P, PEI J, DENG N, et al., 2015. Development of a neuromorphic computing system [C] // IEEE. 2015 IEEE International Electron Devices Meeting (IEDM). Washington, DC: IEEE: 4.3.1–4.3.4.

SRIPAD A, SANCHEZ G, ZAPATA M, et al., 2017. SNAVA:A real-time multi-FPGA multi-model spiking neural network simulation architecture [J]. Neural Networks, 97: 28–45.

ULLMAN S, 2019. Using neuroscience to develop artificial intelligence [J]. Science, 363(6428): 692–693.

XIONG F, LIAO A D, ESTRADA D, et al., 2011. Low-power switching of phase-change materials with carbon nanotube electrodes [J]. Science, 332(6029): 568–570.

YANG S F, WU Q, LI R F, 2011. A case for spiking neural network simulation based on configurable multiple-FPGA systems [J]. Cognitive Neurodynamics, 5: 301–309.

ZAMARRENO-RAMOS C, LINARES-BARRANCO A, SERRANO-GOTARREDONA T, et al., 2013. Multicasting mesh AER: a scalable assembly approach for reconfigurable neuromorphic structured AER systems. Application to ConvNets [J]. IEEE Transactions on Biomedical Circuits and Systems, 7(1): 82–102.